王大山先生和美国前总统吉米·卡特夫妇

王大山先生和英国前首相戈登·布朗

王大山先生和法国前总理多米尼克·德维尔潘

王大山先生和意大利前总理马泰奥·伦齐

王大山先生和世界谈判大师罗杰·道森

王大山先生和世界销售大师乔·吉拉德

王大山先生和世界效率管理大师约尔格·W. 克诺伯劳

王大山先生和世界激励大师约翰·库缇斯

王大山先生和硅谷创业教父史蒂夫·霍夫曼

王大山先生与世界畅销书《心灵鸡汤》作者马克·汉森夫妇

王大山、崔红梅与世界犹太人理事会主席杰克·罗森

王大山先生与共和国四大演讲家之一彭清一教授

王大山、崔红梅与“欧元之父”罗伯特·蒙代尔等

王大山先生为慕思寝具全国2000多名经销商做营销培训

王大山先生在乐活城市发展论坛做主题演讲

王大山先生为众多企业主分享超速成交秘诀

崔红梅女士主持大型学校公益活动

崔红梅女士为怡合达自动化股份有限公司做企业训练

崔红梅女士带领企业教练团达成卓越成果

崔红梅女士带领的企业教练团队

信心

风暴中的笃定

王大山　崔红梅◎著

中国财富出版社有限公司

图书在版编目（CIP）数据

信心：风暴中的笃定 / 王大山，崔红梅著. —北京：中国财富出版社有限公司，2021.1

ISBN 978-7-5047-7283-1

Ⅰ. ①信…　Ⅱ. ①王…　②崔…　Ⅲ. ①自信心—通俗读物　Ⅳ. ① B848.4-49

中国版本图书馆CIP数据核字（2021）第011945号

策划编辑 宋　宇　　**责任编辑** 齐惠民　刘静雯

责任印制 梁　凡　　**责任校对** 张营营　　**责任发行** 董　倩

出版发行 中国财富出版社有限公司

社　　址 北京市丰台区南四环西路 188 号 5 区 20 楼　　**邮政编码** 100070

电　　话 010－52227588 转 2098（发行部）　　010－52227588 转 321（总编室）

010－52227588转100（读者服务部）　　010－52227588 转 305（质检部）

网　　址 http://www.cfpress.com.cn　　**排　　版** 北京新海君风传媒策划有限公司

经　　销 新华书店　　**印　　刷** 河北京平诚乾印刷有限公司

书　　号 ISBN 978－7－5047－7283－1/B・0561

开　　本 880mm×1230mm　1/32　　**版　　次** 2021 年 3 月第 1 版

印　　张 6.5　**彩　　插** 0.25　　**印　　次** 2021 年 3 月第 1 次印刷

字　　数 128千字　　**定　　价** 68. 00 元

《链商书系》编委会

信心大使（排名不分先后）

潘铂文	宋义启	刁匀晶	黄清鹏	王研军	李诚中
李　鸣	崔雪梅	谢琳璘	孙　明	江冬梅	黄梓恒
黄伟妍	邓仁英	陈海德	何志豪	罗志坚	王永辉

序言一

2020年，地球的灾难，澳洲大火、美国流感、新型冠状病毒、加拿大暴雪、全球蝗灾、尼日利亚神秘病毒……我们不禁要问：地球怎么了？

2020年，人类社会的灾难，美国反种族歧视游行暴乱、伊朗击落乌克兰民用客机……我们不禁要问：人类怎么了？

2020年，我们个人的灾难，亲人的生离死别、逼仄空间下的亲情危机、现实生活的压力、被迫跳槽……我们不禁要问：生活怎么了？

我们有恐惧，也有迷茫，世界似乎越来越像一个潘多拉魔盒，我们永远不知道灾难与明天哪个先来。

那么，我们就要因此对未来失去信心了吗？

我已经90岁了，可以说走过了近一个世纪的岁月，我见证了太多的苦难，也经历过比眼前更糟糕的时期。在中华人民共和国成立前的黑暗中，如果我没有了对新中国、对未来的信心和憧憬，就不会在新时代开启自己人生的新篇章；如果我没有对自己的期望，没有对事业的追求，就无法克服困难成为一名舞蹈家；如果我没有对国家、对社会、对大家的爱，就无法在离开舞台后再次站上讲台。在困境中始终支持我的是什么？是我对自己、对国家、对一切的信心。怀着这样的信心，我爱就爱得深，干就干得好，不干则罢，干就要干出点名堂，把生命过得更有价值。

所以，不管遇到怎样的困境和磨难，都不要失去信心，这个道理我一直懂得并始终践行，我也相信，新时代年轻的你们也不会在困苦面前低头。

那么，我们又该如何看待今天的时代，走出眼前的迷茫？

电影《流浪地球》中的台词说道："最初，没有人在意这场灾难，这不过是一场山火，一次旱灾，一个物种的灭绝，一座城市的消失。直到这场灾难和每个人息息相关。"地球是所有生命的母亲，它养育着万物苍生。万物苍生彼此相生相连、休戚与共，人类无法独善其身，应与自然万物和谐共生。

哲学家、社会学家赫伯特·斯宾塞说："社会是为了社会成员的利益而存在的，但社会成员的存在绝不是为了社会的利益。"人性的自私、贪婪、黑暗，国家的通货膨胀、贫富差距、强权主义……人与人之间，国与国之间对立相向，让人类忘记了身为万物之灵，相互之间本就是亲人，没有国家之分、种族之别，我们应该共同守护人类美好生活，就像毛泽东同志说的那样“世界人民大团结万岁”。

康德说：“我们越是忙，越能强烈地感到我们是活着，越能意识到我们生命的存在。”而我们要做的是什么，是明悟人生的真谛，珍惜生活中的点滴美好，让生命因我们的信仰、工作、情感、思想而得以延续。

所以，将目光从自己身上上移1厘米，看到地球，看到社会，看到人生，要有大格局和大情怀，这是我生命中最深切的体会。

我的一生可以说是近36年舞台生涯和近4000场演讲的积淀，然而不管是在踏上舞台的那一刻，还是踏上讲台的那一刻，我眼中看到的不仅是自己，更是国家、人类艺术的联结，精神的联结。这一切也不是舞蹈和演讲的重复，而是自我的成长和超越，我深切地感受到一次次演出给人们带来的美与愉悦，一场场演讲使得生命和故事迸发出的别样光芒！我用时间和语言捍卫对国家、社会和人民的那份忠诚与使命，这一生我活得坚定而坚强、充实而满足。

人格和境界会决定我们的生命力！

我们应领悟“天人合一”的古人智慧，我们应体会“人类命运共同体”的新时代意义，我们应感悟“万古长空，一朝风月”的生活态度——对地球、对人类、对自己我们应永不失信心！

人可能在一本书中、一次演讲中、一首歌曲中得到一种灵感的启示，并影响自己一生！这本书就会带给你信心的力量。

洞察世间真相，会令你信心倍增，开明现智，喧嚣乱象中见微知著、不迷不惑。

笃信、守望和知爱，会令你信心十倍，安心定志，人生风雨间信而有征、从容不迫。

“道”的升华赋以生命力量，会令你信心百倍，天人胜处，大千世界中慈悲感恩、宁静致远。

一切还有希望，一切都还来得及，只要你愿意，只要你相信！

新中国第一代舞蹈家

共和国四大演讲家之一

彭清一

2020 年 9 月 27 日于北京家中

序言二

20 世纪初，20 多岁的毛泽东同志算是一个寂寂无闻的“北漂”。在《毛泽东自传》里他曾这样描述那段岁月：

“我自己在北平的生活是十分困苦的。我住在一个叫三眼井的地方，和另外七个人合住一个小房间，我们全体挤在炕上，连呼吸的地方都没有。每逢我翻身都得预先警告身旁的人。”

而那个年代中国又是什么样的？军阀混战、外族入侵，人民生活在水深火热之中。贫困的生活加上糟糕的时代，如果你是当时的“北漂”，你的心情会如何？沮丧、灰心、愤怒、绝望……然而毛泽东却说：

“不过在公园和故宫的宫址我看到了北国的早春，在坚冰还盖着北海的时候，我看到了怒放的梅花。北京的树木引起了我无穷的欣赏……”

所以，领袖之所以能成为领袖，最根本的原因是他有绝对的信心，穷困并不潦倒，绝处更有期盼。他的人生也真如他曾写的诗句那样“自信人生二百年，会当水击三千里”。从加入共产党到“星星之火，可以燎原”，从抗日民族统一战线到整风运动，从新民主主义革命到中华人民共和国成立……他开创了一个毛泽东时代。

20多年来，我专注于毛泽东思想商战策略及华为战略研究，先后带领12000多名企业家到井冈山、韶山、延安、遵义、西柏坡等革命圣地及日本、德国、美国学习，也辅导支持多家企业成为行业领军企业。今天，我和团队共同创建了德高智能科技（广东）有限公司，致力于打造成为中德产学商贸整合运营领导品牌。我希望尽自己的绵薄之力，让每一位创业者、企业家、投资人……都能具备信心的智慧和领袖的能力，成为出色的领导者。

在这个过程中，我日益认识到对我们每一个人而言，信心就像肌肉，需要被锻炼、被挖掘，你越锻炼，就越强大。

那么，这个过程是什么样的呢？又该如何去锻炼？

首先，有期望。

每个人不管对自己还是对人生总会有期望，期望更富有，期望更健康，期望家庭圆满，期望工作顺利……我们的期望，可能有很多。这些期望或出于现实的压力，或出于我们美好的愿望。基于期望，我们会对未来充满希望和向往。此时也非常美好，因为你还没有开始行动，一切皆有可能，哪怕处境困难，你依然会如毛泽东一般看到“北国的早春”。

其次，付诸行动。

如果你只是一味地沉浸在这种期望中，而不付诸行动，期望就不会实现。当你要付诸行动时，你需要将期望变成一个具体的目标，因为要考虑实际条件，这时你就要做出选择，决定把哪个期望当作自己的目标，考虑为了实现这个期望如何投资自己，并舍弃某些必要的保障。比如你期望有更好的工作，你必须确定哪一种工作是更好的，然后去学习这个工作所需的技能，同时放弃现有的工作。这个决定需要勇气，更需要信心支撑。

最后，行动中凝结真信心。

不是所有的行动都会水到渠成，你的计划很美好，现实可能很残酷：你会遇到延迟，无法马上按照计划实现自己的期望；你会遇到困境，如阻力越来越多，难度越来越大，身边的人开始不理解，出现差错……甚至你还会遇到绝境，遭受重大打击，各种困难接踵而至，你被压得太重，力不能胜，甚至连活着的希望都没有了，心里也断定“自己必死无疑了”。

此时，你会如何？开始怀疑自己的决定是否正确，甚至怀疑自己的能力？你是否想过有多少事情就是这般“完美开局，惨淡收尾”？你是否还想过“熬过去就是重生，熬不过去就是劫难”？

其实这就是信心和品格的锻炼过程，就像真金不怕火炼一般，越是在熊熊大火中锤炼，越是纯粹、有价值。可惜很多人信心不足，不是在延迟阶段裹足不前，就是在困境中自我放弃，更可能在绝境中一蹶不振。而信心强大的人，越是在困境、绝境中，越能够磨炼出大意志、大智慧，我们所熟知的那些商业大亨，马云、马化腾、柳传志……他们哪个人没有经历过绝境？

因此，期望是信心之光，行动是信心之力，只有挺得住、熬得过，方显信心真正的力量。

《信心：风暴中的笃定》这本书，不仅告诉了我们何为真信心——真信心是对未知的确信，是源于心灵的信念力量，它还一步一步深入地告诉我们如何真金火炼般地锻造自己的信心。这个过程包含：信心的态度，是泰山压顶而不崩的从容及应对有方；信心的技巧，是困境求通，绝境求生的灵活；信心的智慧，是懂得内心的平安才是真正的平安，哪怕身边惊涛骇浪。

通过这本书，你可以重拾信心，重拾人生！

德高智能科技（广东）有限公司董事长

温舟

2020 年 10 月 28 日

序言三

你羡慕信心满满的人吗？

很多人都很羡慕，羡慕他们遇事成竹在胸、云淡风轻；羡慕他们面对困难自信不疑、百折不挠；羡慕他们在天灾人祸面前临危不乱、处变不惊……

那么，你有信心吗？你的信心如何，很强还是很弱？

我一直专注于8~18岁青少年的素质教育，有自己的教育品牌——“陈百加教育”。由于自身从事的行业的特殊性，一直以来我都非常重视对孩子信心的塑造，也比一般人更加了解信心的重要性。

信心是每一个人未来成功的基石，人在充满信心的情况下，可以把自身的潜力发挥到300%以上，而没有信心且自卑的人只能发挥30%。

如爱迪生，他一生有 1000 多项发明，但是他的发明创造却是从小时候“孵小鸡”开始的。当时小爱迪生蹲在鸡蛋上模仿母鸡孵小鸡，并信誓旦旦地对母亲说自己能孵出小鸡。他的母亲没有取笑和打击他，而是耐心地和爱迪生探讨母鸡为什么能孵出小鸡。母亲的宽容、理解与支持让爱迪敢于思考、尝试，最终成为伟大的发明家。

可以说，信心生出希望，希望生出行动，行动生出能力，能力生出成果，成果生出爱与圆满。这也就是《信心：风暴中的笃定》这本书所说的。而我们每一个人生来就是具备信心的。

曾经有一个场景让我感触非常深。

一次路过一所小学，一位妈妈问小男孩：“你们班谁最聪明？”孩子毫不犹豫地回答：“我！”妈妈轻笑了一声说：“就你那点分数，还最聪明！”孩子瞬间就低下了头。

相信很多爸爸妈妈也都问过孩子类似的问题：“你们班谁最漂亮”“你们班谁最棒”“你们班谁最受欢迎”……如果你够仔细，你就会惊讶地发现孩子总能非常自信地回答：“我！”可是当你去取笑他、打击他或者教他怎么“谦虚”时，孩子的信心也就慢慢地被扑灭了，甚至开始滋长自卑情绪。

也许你会认为这不过是一个玩笑，或者你是想告诉孩子不能骄傲自满，可是对于天真且敏感的孩子来说，这就是你对他的否定。你也可以想一想自己小时候，这种“天生的自信”是不是就是这么被扑灭的？更深层次的，可能是你潜意识对自己、对孩子没有信心：自己不是天才怎么能生出天才般的小孩？条件这么一般拿什么和条件优越的孩子比？孩子就是一般人，普普通通就好……然而真是如此吗？

很多人都看过《当幸福来敲门》这部电影，里面有很多令人心酸的场景。但是主人公并没有放弃自己，这让儿子受到了很大的感触。也正是因为主人公对儿子的影响也成了他给孩子最好的教育。另外还有一部电影《美丽人生》也非常值得我们深思，如果你是电影中的爸爸，你还能始终保持自信、乐观来“保护”孩子吗？

我始终认为家庭教育就是一场你和孩子的“共同修炼”，树立信心是正确的打开方式。其实不仅是亲子关系，夫妻关系、朋友关系、同事关系乃至你的人生际遇莫不如此。每一段糟糕的关系中，每一个煎熬灰暗的日子，仔细去深究的话都有信心不足的因素，或对自己信心不足，或对他人信心不足。

那么，信心就是全然的信任吗？并不是！就像这本书所阐述的观点：基于信心，我们懂得如何正确地期盼、正确地付诸行动、正确地去爱。本书也包含我们人生百态，细腻、生动，非常富有启发性和实用性。希望大家都能善用《信心：风暴中的笃定》这本书，给自己、给孩子、给身边的人一个美好的未来。

广州百加教育科技有限公司创始人 / 董事长
陈百加
2020 年 11 月 18 日

前言 • 信心是一粒种子

早起，我坐在深圳观澜湖山水酒店的湖边，阳光温暖地照在我身上，听着清脆悦耳的鸟鸣声，默想起生命中一次又一次的重大转变，蓦然发现，生命中的一切改变，都是信心带来的力量。

从小我就有强烈的求知欲，3 岁左右就常常跟着大孩子们去离家三里远的田坝学校，站在窗外目睹老师教书的场景，偶尔“混进”班里学习。我深深地爱上了这种学习的感觉，常常缠着奶奶带我去报名上学，奈何奶奶总是以年纪小为由拒绝我。5 岁时，我觉得已经够大了，自己跑到学校报名，却未能通过，后来我请爸爸带我去报名，也未能如愿。强烈的学习愿望让我再次请求奶奶带我去学校报名，因奶奶和班级老师有亲戚关系，加上我在面试时的优秀表现，我终于如愿以偿，成为田坝学校成立以来年纪最小的学生。

然而命运弄人，正当我满怀希望一路狂奔，14 岁以全校第三名的成绩考上西安化工学院时，却遇到人生的第一次低谷。由于家境贫寒，加上母亲一直多病，父亲东拼西凑，也未能筹够 8400 元的学费，我的大学梦变为泡影。从此，我的生命经历了一段黑暗的日子。上了三个月的高中，我的心中充满了自卑，总感觉己不如人。随后干脆辍学进入工厂，在陕西安康吉河镇制造三合板，在苦与累中打发日子。

命运的转折有时来得很突然。父亲不愿意我这么小就出去工作，1994 年部队招兵时就帮我报了名，没想到经过体检，我竟然非常顺利地参了军。那一年，我还不到 16 岁。

部队是一个大熔炉，最能考验人的信心和意志。从小体弱多病的我在三个月的新兵集训中，冒着彻骨寒风，下雪天里拔军姿、跑 5 千米、参加全面军事训练，虽然多次训练中晕倒，但我依然坚持了下来，并获得“优秀士兵”的光荣称号。

四年的军旅生涯中，我一方面积极进行军事训练、参与政治学习，另一方面利用节假日学习英语、书法、写作，阅读各种成功励志书籍。16 岁参军，17 岁带兵，18 岁入党，19 岁参加全团五项军事大比武并获得集体第三名的成绩……这些成绩的背后，是我信心的增加、意志的磨炼，更是我对人生与未来积极思考、勇于探索的结果。

从部队到地方，我怀着对美好未来的无限憧憬，从大卫·奥格威《一个广告人的自白》中得到启示，一脚踏入广告业，与各种媒体、企业主进行交流，着实开拓了我的视野，让我能以前沿的眼光看待这个世界上的很多事物。

成功的路上，需要读万卷书，行万里路，还需要阅人无数和名师指路。2007 年，我和武向阳、殷杉等一起，联合国内主流商业媒体《21 世纪经济报道》《21 世纪商业评论》发起了“世界大师中国行”活动。随后的几年时间里，活动先后引进了包括美国前总统吉米 · 卡特、乔治 · 布什，英国前首相戈登 · 布朗，世界谈判大师罗杰 · 道森，世界犹太人理事会主席杰克 · 罗森，世界效率管理大师约尔格 · W ．克诺伯劳，世界畅销书《心灵鸡汤》作者马克 · 汉森，世界销售大师乔 · 吉拉德，世界顶尖销售训练教练汤姆 · 霍普金斯，世界激励大师约翰 · 库缇斯，2008 年度诺贝尔经济学奖获得者保罗 · 克鲁格曼，“欧元之父”罗伯特 · 蒙代尔等众多享有广泛国际声誉的商业大师及政要走进中国，并迅速爆发出影响力，形成了良好的社会与市场双重效应，引进领域涉及市场营销、管理、品牌、领导力、客户关系管理、组织战略、犹太人智慧、商业谈判、资本运作等几十个商业范畴。“世界大师中国行”活动目前已成为中国高端教育培训业极具专业性及影响力的大师经纪“代言人”，被誉为“世界大师的幕后推手”。

回望过去，我从一个性格内向、害怕上台的青年，到能够为慕思寝具全国 2000 多名经销商做“论剑 2013 ：好服务赚大钱”的训练，甚至做世界大师万人会议的超级演讲；从一个没有背景、缺少人脉的退伍小兵，到一个能结交国内外顶级人脉，连接众多资本和行业翘楚的商界老兵；从一个家境困难、严重自卑、高中辍学的落魄少年，到领受链商梦想、立志将“改善全球商业生态，推动人类文明进步”作为人生使命的教育改革家……这一切，离不开我对梦想孜孜不倦的追求，离不开老师、朋友、家人的大力支持，更是因为信心的种子在内心不断成长而带来的效果。

在我短暂的人生经历中，我也深切地感受到：

信心是一种意志，是不顾一切现实的坚定、确定，不管遇到任何困难、挫折，你都可以勇往直前，因为“我相信”是一种意志力量，就像但丁说的那样：“能够使我漂浮于人生的泥沼中而不致陷污的，是我的信心。”

信心是一种行动，确定的目标、未来，会内化成一股强大的行动力量，我们无怨无悔，我们不迷不惑，因为一切是能被看得见、摸得着的，一切会如尼采说的那样：“那些能将我杀死的事物，会使我变得更有力。”

因此，我写下这本书，想要告诉每一个人如何过一个自信且确定的生动人生，一个由自身正确期盼引导、指引和推动的人生，一个基于信任充满爱的人生，一个与自身、与爱的人、与世间万物良好互动的人生。

王大山

2020 年 10 月 11 日于深圳

目录 content

第三章 守望——行进之桨

第四章 知爱——生命之门

第五章

行道——人生跃迁

引子 • 一棵树的自白

很久以前，一场暴风雨折断了一棵大树的枝丫。雨水汇聚而成的山洪，把枝丫当成了玩具，卷着、荡着……

不知过了多久，枝丫上掉落了一颗果实，在山洪流经一片荒野时，果实落入泥土——从此，在这片荒野中很突兀地长出了一棵树。

起初，这棵树很小，混在杂草丛中，毫不起眼。它古怪的模样，也一度遭到灌木和小草的嘲笑，但是它能感受到来自泥土的温暖，来自雨水的甘甜，营养的汁液在它体内流动，生命的力量正在体内积蓄，它传承自大树的记忆，明白这一切都只是开始，并坚信自己终能长成参天大树。

随着时间的流逝，不知道经历了多少场暴风雨，多少次干旱，多少次洪水，这棵树超过小草，超过灌木，枝丫交错，像是为这片大地撑起的一把小伞。它开始引来藤蔓攀附、鸟儿筑巢、松鼠安家，开始开花结果……又过了很久，这棵树长成了荒野上的一把“大伞”，周围也长出了很多树……

没错，这棵树就是我，生于风暴，长于灾难，我不仅长成了参天大树，也成了这片树林的“树王”，我有保护自己的力量，也有保护周围花草树木和小动物的能力。

如今有很多小树向我学习生存之道。确实，在我不平静的一生中，我有很多感悟，比如关于信心、期盼、爱和责任……这些是我想要教给小树的，也是我要告诉你们的，这些感悟都可以化成你们生命的养料，从而让你们坚强且平安地经历生命中的每一场风暴、灾难。

第一章

洞见——风暴实情

一天，我们刚刚经历了一场风暴，很多小树向我抱怨，它们对自己的命运很不满意，埋怨上天对一棵树太不公平了，总是要经历各种磨难。

我很好奇，问道：“那么，怎样才算公平？”

它们回答：“应该永远风和日丽。”

我笑了：“这确实是一个很棒的主意，但是现实吗？世界上有这种情况吗？”

小树们失望地摇头。

“那么，处于风暴中时，你们心里在想什么？”我接着问。

“想什么？当然是想着挺过去、活下去！”小树们回答。

“那时你们对活下去有信心吗？”

这时，有些小树迟疑了一下，耷拉下了枝叶。

我看了一下那些小树，说：“你们想知道我在风暴中想的是什么吗？”

小树们纷纷好奇地看着我。

“我想的是我一定可以活下去，没有任何风暴能够摧毁我。事实也证明了确实如此。今天你们也用事实证明了，没有任何风暴能够摧毁你们。”

听了我的话，所有小树都支棱起自己的枝叶，泛着绿油油的亮光。

我非常满意，继续问：“那么，风暴都是坏的吗？你们看看自己身上还有枯枝烂叶吗？”

小树们检视了自己一番，纷纷惊奇地说道：“真的呀，一点枯枝烂叶都没有了。我感觉浑身充满活力！下一次，一定能够扛过十级大风。”

我点了点头说：“身为一棵树，我们不仅能在暴风雨中活下来，而且每一次风暴过后都会活得更好，这些风暴增强了我们活下去的信念，这些风暴‘剪去’了我们的枯枝烂叶，这些风暴让我们深刻认识到了树的坚强、勇敢以及潜力——这是身为一棵树的信心和自豪。”

你是谁——人生掌舵者

贤哲所追求的不是享乐，

而是源于痛苦的自由。

——亚里士多德

树渴望永远风和日丽，人们渴望自己的人生永远风平浪静，可是这一切现实吗？

俗话说："天有不测风云，人有旦夕祸福。"这不只说出了人生世事多变，也道出了人心中的无奈和无助。多少人辛苦地忍受着病痛的折磨，多少人眼睁睁地看着所爱的人受苦，多少人处在飞来横祸的惊愕中……

我们都不愿遇见风暴，遭受苦难。身处风暴时，我们不仅充满了痛苦和不安，还常常会有一个共有的困惑："为什么苦难会发生？"或者更进一步地问："为什么会发生在我身上？"

是啊，"为什么会发生在我身上？"要想找到这个答案，你是否思考过：人生所经历的每一件事，是谁在起着主导作用？当我们感到沮丧、困惑、难堪、失望、悲伤时，首先要审视的是谁？

真正让我们战胜人生风暴的到底是谁?

有这样一个真实的故事：有一个女孩被人强奸，犯罪之人被绳之以法。按照规定，审判时受害人可以选择不出席。很多人猜测女孩不会出席，因为一般遇到这种事情，大多数人都可能不想面对，甚至脑中有千万个念头想要将犯罪之人碎尸万段。出乎意料地女孩出席了，并坦然面对了整个审判过程。因为这个女孩明白，此人再也不能伤害自己，她要做的就是勇敢地面对，完美地了结，然后将这段不堪的过往剪去，不要因为这件事将自己美好的人生葬送。

所以，人所经历的每一件事，自己起着主导作用，在感到沮丧、困惑、难堪、失望、悲伤时首先要审视的是自己；真正让我们战胜人生风暴的人也是自己。就像作为一棵树，需要有着一棵树的觉悟和自豪，作为一个人我们也应当有着人的觉悟和自豪——觉悟“我是谁”，自豪“我能决定什么”。

我们先看“我是谁”。

我曾在一次课堂上和大家讨论过这个问题。

当时有一半的人表示没有深入思考过，因为他们认为“我是谁”是哲学领域的一个终极思考，是孔子、亚里士多德等无数的先哲们所追求的真理，认为自己还未达到那个层次，生活也一团糟，实在没有“闲心”和工夫去想这个问题。

而剩下的一半人，大多借由外物、外人来认识自己：或以他人评价、期望来自我定位（比如要成为什么样的人）；或跟着潮流与世俗走，以为人多的方向就是人生答案（比如需要达到什么样的地位才能实现自我价值）；或以名利财富来填充自我（比如“我”的呈现是一个具体的银行存款数字，“我”的呈现是自身处在哪个位置上）；等等。

确实，“我是谁”的答案可以是某一个身份，可以是某一个社会角色，可以是儒家说的“仁者，人也”[1]，可以是弗洛伊德分析的精神上的“本我—自我—超我”的层层解读……作为概念这个问题是复杂的、多元的，在每一个时代、每一个人的认知中都有着不同的定义。但是“我”作为存在的事实，其实根本没有那么复杂，对自我的认识可以很简单。

人生如海，我们航行在这片人生海洋上，也许开的是小船，但要进行的却是壮丽的生命航程，时而惊涛骇浪，时而风平浪静，时而暗礁遍地，时而旋涡丛生……

外界的事物可变，而且时时在变，但它可以由人破解，因为船舵在你手里，只在你手里——你是自己人生的掌舵者。

再来看“我能决定什么”。

---

[1] “仁”字字形为“人”字旁有“二”，即人之为人必是人与人之间互相对应的关系。“二人”的关系是父子、君臣、夫妇、兄弟、朋友，在宗法关系中实现对“我”的体认。

有一位女士，本有着一个成为舞蹈家的梦想，因为在一次表演中受伤，肌腱断裂，与梦想擦肩而过，从此以后，她每天都在怨怼中度过。她抱怨上司被上司听见，客户被同事撬走，颈椎出现严重问题，她抽烟、打麻将被邻居们嫌弃、讨厌……她越是抱怨，境况越是糟糕，自己的心理也开始出现问题。

最终她无法忍受这种折磨，去看了心理医生。当她把自己的烦恼一股脑儿地向心理医生倾诉时，心理医生平静地对她说："我没有指责你的意思，我很理解你的心情，但是你自己就能改变这一切不是吗？只要你能换个心态。"后来通过咨询开导她重新振作起来，人生开始改变，并最终明白了"你微笑，世界也跟着你微笑"的道理。

所以，"我能决定什么"？

遇见什么的态度是"我"能决定的，"我"可以选择面朝太阳，把悲伤、不幸的阴影留在身后。

成为什么样的自己是"我"能决定的，不害怕失望，真实地面对这个世界，"我"在往真实想要的那个自己的方向前进。

我们的一生，无论是自我成就感的满足，外在荣耀的加持，还是处在人生的风雨中，都不允许我们懈怠，整个人生的探索是自身资源加上外在条件的发挥，一切的问题都可以归于我们能做什么，最后能做成什么，人生始终掌握在自己手中，成也自己，败也自己，一切取决于自己。

那么，如何做？

1. 充分地认识并肯定自己

阿波罗神庙中就镌刻着这么一道神谕："认识你自己。"法国思想家蒙田说："世界上最重要的事情就是认识自我。"

"我"与个人的生理、情绪、智慧、社交和健康都有着极其密切的关系，每一个人都会依照自认为是怎样的人而行事。

由"我"的思想所引发出来的一切行动、情感、态度，必定影响我们日常生活的每一个层面，并包括社会以及人与人之间的一切关系。

"我"和所有人所有事都是联结在一起的，借由着自己，人生才会呈现出自己渴望的样子。

2. 始终拥有不迷失的信心

世间有黑有白，有邪有恶，有喜有悲，有好有坏，我们会被烦琐俗世所牵绊，也会对这个世界产生怀疑。一旦让自己的不良思绪蔓延，如在风暴中让绝望、恐惧肆虐身心，只会让自己一点一点地被暴风雨吞没。可是如果你能控制自己，把好心海之舵，展现出来的肯定是阳光明媚的世界。

英国18世纪文豪约瑟夫·艾迪生说：

"当我看到伟人的墓志铭时，我所有内心的嫉妒都消失无踪。

当我看到世上那些以美丽著称的人的墓碑时，我心里的欲念全无。当我看到聪明的人与和他自己聪明才智相当的对手并肩躺在墓地时，我为那些微不足道的竞争感觉悲伤与震惊。当我看到那些数百年前的名人的墓碑时，我想到我们的生命都如此短暂。”

人生实在短暂，无论如何潇洒，生命不是我们挥霍得起的，我们唯一能够争取和坚持的是自己的心灵，不沉沦、不迷失，从而使人生始终积极，生命始终昂扬。

3. 永不缺失行动的力量

当我们犯错或遇到挫折时，会被深深伤害，但是伤害我们最深的不是别人的所作所为，也不是错误本身，而是我们的错误回应。

每当你觉得跌到低谷时，总会有一个契机帮你走出低谷，而这个契机便是你自己：当事情已经发生，你唯一要做的就是马上承认错误，承担后果，吸取教训，始终秉持着坚定的信念，果断前行。

叔本华在《人生的智慧》中说：“人生就像一盘掷骰子游戏，掷出的骰子如果不合你的意愿，那你就只能凭借技巧，去改进命运所摊派的骰子。”这里的技巧就是你掌舵的技巧，在有限的生命里，你没有别的，有的只是这一点主动性。在这个过程中，你的身份与角色以及精神会汇聚构成一个个特殊的个体，彰显人生的韧度、强度和深度。

在哪里——风暴的中心

祸兮，福之所倚；福兮，祸之所伏。

——《道德经·第五十八章》

我在哪里？

猛然一听，这似乎是一个荒谬而又可笑的问题，还有谁不知道自己在哪里吗？

那么，在开篇故事中，树在哪里？在荒野中！它们只在荒野中吗？不，它们在风暴中、在洪水中、在干旱中……

所以，“我在哪里？”我在家、在公司、在路上……但是更多的时候，我在各种烦恼、困境、无奈中——我在人生的所有风暴中。

2020年，新闻中充斥的便是病毒、山火、蝗灾、干旱、地震、暴风雪……死亡人数数以万计，不知不觉在每个人心里蒙上一层阴影。然而不仅如此，核武器威胁、经济危机以及人类之间因科技发展而日益被网络隔绝的身心，似乎都在提醒着我们未来不容乐观。

经济下行，找工作越来越难；科技日新月异，企业生命周期越来越短，前途一片迷茫；生老病死，房子、车子、票子，生活中总是有那么多的无奈……挑战、竞争、失衡，现实的压力比理想中的要多得多。

我们有生老病死，有爱恨情仇，有天灾人祸，有生存压力……这些，哪个不是人生中的风暴？！

那么，这些风暴带给了我们什么？

我们先看一个真实的故事：

琼妮·厄尔克森出生在美国马里兰州一个平凡的家庭，和很多小姑娘一样，她有着美好的童年，对自己的未来充满了向往。然而，命运很快和她开了个玩笑。1967 年，17 岁的琼妮在切萨皮克湾跳水时因为错估了水的深度，折断了颈椎，肩膀以下完全瘫痪。

意外发生不久，琼妮也曾痛苦、抱怨、沮丧、迷茫，她希望自己能够得到医治，为此不停地祈祷，可是一切都无法改变。

一天，她一个人躺在漆黑的房间里，绝望的她突然想道：自己之所以这么沮丧，是因为一心只想到医治，而忽略了这也许是上天对自己的一个考验。

于是，她开始重新思考自己的人生，重新定义自己的活法。她以惊人的信念和勇气，用牙齿咬着笔写作、作画，并学习善用嘴巴处理生活中各种大小事务。1976 年，她出版了第一本畅销书

《上帝在哪里》。1979 年，她主演了以自己的故事改编的电影《琼妮》。不久，里根总统任命她在一个照顾残障人士的委员会做顾问，她关注残障人的事业于此开始。

如今，她前后写了超过 50 本书，给身患残疾的人以鼓励，也鼓舞了千千万万读者。她访问了全世界 47 个国家，她所成立的“琼妮和朋友”组织，开展了“合家欢”“轮椅世界”等项目，积极帮助残障人士及其家庭。

每个人都像躲避瘟疫一样躲避着苦难。一开始琼妮也是如此，所以她渴望自己能被医治，摆脱病痛。然而，有谁能真正躲避得了呢？所以，琼妮很快就勇敢地把苦难放在了人生的正中央，积极从中汲取人生的信心和生命的能量，在生活中因此变得振奋、有活力，正如琼妮所说的：这一切“不是‘纵使’有问题和打击，而正是‘由于’有问题和打击”。

所以，人生的风暴带给了我们什么？

风暴显明了我们生命的实情，我们的生命里并非只有悲观、抱怨、绝望……在碰到艰难与考验时我们尽管会遇到这些心理感受，但更多的时候，当我们遇到了一个契机，从中汲取了相应的能量，勇敢、坚强、乐观……美丽的生命性情便会被彰显出来。

风暴显明了我们信心的程度，风暴本身虽然不会改变我们的信心与内在生命的实质，但每次风浪来临时必然会有结果，而结果取决于我们的信心程度，它所显现的是我们所坚持的是什么，是否始终坚信，是否在始终坚信中找到所能仰仗、凭借的经验、能力和意志。

泰戈尔曾说过：你今天受的苦，吃的亏，担的责，扛的罪，忍的痛，到最后都会变成光，照亮你的路。

那么，我们该如何借由人生的风暴照亮自己的路呢？

1. 痛苦是积极的

相信很多人都有过这样的体会：你身处或刚刚经历过一件极其重要或痛苦的事，一觉醒来，恍如隔世，或凌晨恍恍惚惚入睡，醒来却有一种重生的感觉。这是一种破茧而出之感，人只有经历过痛苦、绝望，才能获得这种褪去了一层旧皮，直视冰冷现实的坚定和新生感。

因而，痛苦是积极的。

当我们遇到烦心事时，内心会变得更加坦然，因为知道如果现在是最烦的，那么事情很快就要朝好的方向发展。

当我们遇到痛苦和逆境时，体内的信念、勇气、动力会被一一激发，让自己更加强大，宛若新生。

当我们经历过苦难，才会觉得既往所得的一切弥足珍贵，继而更加珍惜身边的人和事。

受不得穷，立不得品；受不得屈，成不了事！人生经历风暴并非坏事，关键在于心态和认知。

因此，不要哀叹自己的婚姻不幸、事业不顺、身体有疾、口才不佳、形象不美……为此而自怨自艾、消沉沮丧，好似这些让你整个人都颓废了。当你懂得改变自己的看法和态度的那一刻，痛苦便是积极的，苦难的“恩典”——信心、能力以及生命美好的品质便会一一显现，并且在你最软弱的时候助你一臂之力。

2. 行到水穷处，坐看云起时

即便我们知道人生风暴并非坏事，但处在风暴的中心，痛苦是真的，困难也是真的。此时，我们便需要“行到水穷处，坐看云起时”的自信和从容，面对时懂得“坐看”。

“坐”，即不急不躁地积攒力量，等待时机，蓄势待发。坐着的时候，心是坚定的、平静的。坚定不移且平心静气才能看清局势，找到办法。

“看”，就是观察、察知。虽然前方已经“水穷”，但是天上的云正是水的凝结，水只是换了种形态。同样，处在困境、灾难中看似没有出路了，但是“天无绝人之路”，只要我们换个角度来思考，总会洞察出事物的发展趋势，从而发现出路。

克服挫折和困境不是易事，但也并非那么可怕，除了“坐看”，将自己带回正确的道路的同时，还要懂得坚持的意义。就像马云说的那样：“永远不要跟别人比幸运，我从来没想过我比别人幸运，我也许比他们更有毅力，在最困难的时候，他们熬不住了，我可以多熬一秒钟、两秒钟。”

人生的风暴会是我们走向生命意义的唯一通路，同时也是一把生命之尺，就像琼妮在《风闻有你》一书中写的那样：“在苦难这把带着刻度的尺子上，有的人刻度高一点，经受的苦难重一些；有的人刻度低一些，经受的苦难轻一些。但或轻或重，只要应对得当，都会成为对自己、对他人大有益处的好事情。”

到哪里——通往秘密和财富之地

居善地，心善渊，与善仁，言善信，正善治，事善能，动善时。

——《道德经·第八章》

我们知道了自己是人生的掌舵者，人生之舟时常行驶在风暴的中心，此刻，你心中是否有着目的地？

有一个刚步入社会的青年，他曾这样写道："我感觉自己很失败，一直以来我不知道自己要做什么，不知道自己的人生该是什么样的，不过是浑浑噩噩地过一天算一天。除非到了我真正找到人生目标的那一天，我才会觉得自己开始真正地活着。"

顺风不助没有目的地的船。没有目标，人生就没有意义；没有意义，人生就无关紧要，毫无希望——人生最大的悲剧不是死亡，而是没有目标。

我也相信很多人都有自己的人生目标，都渴望丰盈、幸福、快乐、自由的人生，只是有的人的目标建立在金钱基础上——一年挣 100 万元、1000 万元；有的人的目标建立在名望之上——成为有权势的大人物；有的人的目标建立在享乐之上——吃喝玩乐游戏人间……

可是为什么房子越来越大，心灵空间却越来越小了？为什么拥有的物质越来越丰富，快乐却越来越少了？为什么职位越来越高，幸福却越来越难了？当今时代物质文明发达，各方面都为人们提供了莫大的便利，为什么我们反而觉得更加空虚，觉得每天的生活呆板而又无趣？当金钱、名望、享乐、便利并不能让我们真正感到丰盈、幸福、快乐、自由，那么问题出在哪里？

有一次我和好友去露营，在山里迷了路。我们带的水并不多，为了能够保障水源，我们打算选择沿着山涧前行。这时，我们遇到了当地人，他告诉我们："你们不能沿着山涧走，你们必须换一个方向。"随后他给我们指了方向，并告诉我们，以我们目前的水量是完全能够支撑到目的地的。

这件事情给了我很大的启发：我们往往错误地以自己所需要的、所欠缺的为起点，问一些以外物、外人为中心的问题。比如，我需要多少钱才能完全生活无忧？我该爬到哪个位置才能获得别人的尊重？我该取得怎样的成功才能凸显自己的价值……我们的人生目标、雄心大志、梦想几乎就这样被一一具体化，为此操劳、奔波，身心疲惫，殊不知早已偏离了方向。

我们迫于生存的压力，需要金钱，但金钱只是一种保障手段，不是我们的目的；我们迫于家人、爱人的期望，需要有所作为，但别人的期望只是他们出于自身经验和爱对我们的“要求”，我们的人生不能为了取悦他人而迷失；我们曾经历过贫乏生活所带来的痛苦，相信拥有越多就越快乐、越安全，但这一切不过是一种弥补和安慰，并不是我们存在的意义，这一切不过是本末倒置。

沉迷于自己的私欲或他人的目光中是一条绝路，只有仰望自己人生的意义，我们才可以走出死胡同，进入辽阔、自由的天地。因此，我们要始终知道人生要到达的那个目标，并始终坚守对的方向。

始终坚守对的方向，能够让我们保持清明，不为物累，不为情迷，不为无奈而妥协。

始终坚守对的方向，能够简化我们的生活，它会是我们衡量取舍的标准，帮助我们划分该做和不该做的事。

始终坚守对的方向，会让我们更专注，人的天性很容易被外事、外物干扰分心，目的明确，就会让我们集中精力在最要紧的事情上，办事就有效率。

始终坚守对的方向，生命才会有动力，目的往往会带来热忱，没有任何东西比清晰的目的更有动力。

那么，该如何做？我们依凭什么来坚定人生目标？

1. 始终如一地关注自我

我曾在网上和网友交流过这个问题，收到了很多有启发性的答案：

“大学毕业时，老师让同学们写下十年后的自己，当时思绪好乱，不知写什么。看着同学们写了满满一页纸，最后我只写了自己的名字。对得起自己，活出自己，也许这就是我想要的。”

“曾经我问过自己：如果人生是一场修行，那我的导师在哪里？现在我知道他就在我的心里，遵从内心才能让我获得勇气。”

“一直以来我都浑浑噩噩不知道自己想要什么，对于人生是什么、人生为了什么这类问题探求过却找不到答案。直到我在带孩子的空暇看了《少有人走的路》，我突然面前有了光，人应该为爱而活，让自己和所爱的人不断完善心灵。”

……

很多人穷其一生都在追求自己想要的生活，但却无法洞察其中的秘密，只是流于生活的形式而未做到关注自我的本质，所以穷其一生都在漂泊，找不到立足点。当你懂得从自我出发，你会发现人这一生只在于你内心所信、所求、所望，你人生的意义在于你自身。

2. 三大财富与两个境界

纪伯伦曾说过：“人的意义不在于他所达到的，毋宁在于他所希望达到的。”

活着很重要，但是生而为人，我们有思想、有感情、有灵性，我们不仅仅是为了活着，应该追求的是三大财富和两个境界：

三大财富——心灵财富、情感财富、物质财富，我们首先要追求的是心灵财富，心灵丰盈了，再普通的生活也不会枯燥无趣；其次是情感财富，情感是一切关系的纽带，情感富足了，任何的关系都蕴含创造力；最后才是物质财富。

两个境界——人生的境界，追求平安、喜乐、自由、幸福，并尽情发现和享受，由此而热爱生活，热爱人生，热爱生命；生命的境界，尽其所能地升华生命的品质，爱自己、爱他人、爱世界万物，心存感恩，完善完美进化生命的力量。

因此，年轻人除了学业和爱情，应当有着对未来的坚定与丰富的生活；中年人除了事业与家庭，应当有着更广阔的视野与更大的贡献；老年人不只是颐养天年，同样也要活在充满计划与目标的明天。

真信心使人凌驾风浪

能够使我漂浮于人生的泥沼中而不致陷污的，是我的信心。

——但丁

前文中，“我是谁”“在哪里”“到哪里”三个问题道尽我们的一生。

那么，是什么最大限度地决定了“我是谁”？是什么始终且唯一支撑着我们走出人生的风暴中心？是什么让我们始终坚持并到达目的地？

我的一个发小，从小就非常聪明好学，然而初中时，他家境突遭巨变，不得已辍学打工。正当周围的人纷纷叹息“可惜了一棵好苗子”时，他并没有自怨自艾、自暴自弃，而是坚持在忙碌的打工之余读书、学习。他喜欢管理，他的目标是成为大公司的管理人员。

看到他那么“不切实际”，身边的工友为此纷纷讽刺他：

“这辈子就这样了，还学什么，就算学得再好也比不上别人！”听到这些话，他并没有悲哀难过，而是信心满满地说：“别人能行，为什么我就不行？”就这样自学了几年，他试着去应聘一家大公司的经理，由于他丰富、扎实的管理知识和出色的语言能力，最后被破格录用。当然，“鲤鱼跃龙门”后并不轻松，他也历经了各种不适和艰难，但是就像他说的：“不怕风浪，只看信心！”

是信心最大限度地决定“我是谁”，因为在想成为“谁”的时候，你首先要相信我能成为“谁”。

是信心始终且唯一支撑着我们走出人生的风暴中心，因为面对困苦磨难的时候，相信自己能够战胜一切的意志和力量比其他都重要。

是信心可以让我们始终坚持并到达目的地，因为只有对未来、对自己有信心，我们才能预见和遇见未来！

然而，你是否知道信心也有着“真假”之别？

我曾随机问过身边的人，问他们认为信心重要吗？几乎所有人都非常肯定地告诉我：“信心很重要。”接着我又问：“对自己和自己所做的事你是不是100%有信心？”结果10个人有9个回答：“没有！”——这便是“假信心”：“我知道我必须相信，但是很多外部因素不是我能控制的，就算100%付出，也未必能够做成。”这种认识会导致一个后果：你不会100%付出，你总是喜欢有所保留。

举个简单的例子：你相信读书能改变命运，但是看到“大学生毕业后卖猪肉”“上班一年不如摆摊一个月”的新闻，你又担心、害怕，于是你说：“读书能够改变命运，我要花一半的时间来读书。”看到这里，很多人都会觉得好笑，那“改变命运的机会岂不更小了”。可问题是，我们经常都在做这种让自己胜算更小的事情——这便是“假信心”。

而“真信心”则是：“这些和我有什么关系？读书就是能够改变命运，为此我会投入一切的时间和精力。”

真信心是“当我还不理解时仍能遵从”；

真信心是“当我不喜欢时仍能坚忍”；

真信心是“当我还未拥有时就敢于奉献”；

真信心是“当我还未成就时就已经感谢”；

真信心是“当我还仍未成就时仍然信任”。

1. 不凭眼见，不靠感觉，对所有的事情要乐观

有一句话曾让我印象深刻：对所有的事情都要乐观，甚至盲目地乐观。这里“盲目的乐观”就是指信心、态度。

托马斯是美国南方阿肯色州人，从小就喜欢幻想，脑袋中总有各种奇奇怪怪的念头。很多人觉得他不切实际，将来很难有大作为。

在他上小学时，有一天老师让孩子们写下有什么愿望，希望在什么时候实现。大部分孩子的愿望只有一两个，很快也都写完了，只有托马斯还在写，原来他写了 101 个愿望，从 12 岁一直写到了 70 岁，并且每一个都非常具体。

看了他的愿望，很多同学都嘲笑他，但是他相信自己一定会做到。后来托马斯果然实现了很多愿望，包括徒步 5 大洲。

“信心”是一种能力，是我们战胜一切的先决态度。

2. 凭着“信心”的力量，生出强烈的愿望描绘旅程

举个不是很恰当的例子，我们要渡过人生之海，“信心”是船，始终承载着我们，但“愿望”是过程，是我们朝着人生目的地一步一步靠近的沿途风景，或者是一个个前行的小目标。

要懂得给自己愿望，用愿望绘制美丽的风景，用愿望代替机械的生活。毕竟没有谁能够忍受一无所有的海面，我们只有不断看到飞鸟、小岛、其他船只，我们才能够更加坚定和从容。

3. 有爱才是真正的信心，也只有真正的信心才会有爱

如果婴儿在哇哇大哭，几乎每一个母亲都会连忙跑到孩子面前。母亲曾是每一个人最温柔甜蜜的守护者，一提到“母亲”这个词，爱就会不自觉地充斥着我们。因此，有了爱，信心和爱的行动就相距不远了。

另外，“信心没有行为是死的”，这“行为”便是爱的行为，虽然不可能做到真的完全诚实，全心爱人等，但一定要每秒也不能松懈地努力接近。

对我们每一个人来说，其实人生很简单：即使身处困境，却仍然坚信前行；即使一无所有，却仍然放手去爱。人生就是这样，也将应该是这样。

【信心检测】

罗森伯格自信心量表

风暴是什么？

风暴是我们人生的实相，是生老病死，是爱恨离别，是挫折苦难，是软弱痛苦……它蕴含着我们人生的实况：有生与死的问题——生存还是毁灭；有权能与智慧的极端——掌舵还是随波逐流；有时间的极端——现在的事或是将来的事……

那么，面对人生的风暴，你有几成信心？

<table>
<tr><th colspan="2">罗森伯格自信心量表</th></tr>
<tr><td>测试内容</td><td>1. 我认为自己是个有价值的人，至少与别人不相上下。
A. 非常同意　B. 同意　C. 不同意　D. 非常不同意
2. 我觉得我有许多优点。
A. 非常同意　B. 同意　C. 不同意　D. 非常不同意
3. 总的来说，我倾向于认为自己是一个失败者。
A. 非常同意　B. 同意　C. 不同意　D. 非常不同意
4. 我做事可以做得和大多数人一样好。
A. 非常同意　B. 同意　C. 不同意　D. 非常不同意
5. 我觉得自己没有什么值得自豪的地方。
A. 非常同意　B. 同意　C. 不同意　D. 非常不同意
6. 我对自己持有一种肯定的态度。
A. 非常同意　B. 同意　C. 不同意　D. 非常不同意
7. 整体而言，我对自己感到很满意。
A. 非常同意　B. 同意　C. 不同意　D. 非常不同意
8. 我希望能够更多地尊重自己。
A. 非常同意　B. 同意　C. 不同意　D. 非常不同意
9. 有时我的确感到自己很没用。
A. 非常同意　B. 同意　C. 不同意　D. 非常不同意
10. 有时我觉得自己一无是处。
A. 非常同意　B. 同意　C. 不同意　D. 非常不同意</td></tr>
<tr><td>评分标准</td><td>“非常同意”计 4 分，“同意”计 3 分，
“不同意”计 2 分，“非常不同意”计 1 分。</td></tr>
</table>

续表

<table>
<tr><th colspan="2">罗森伯格自信心量表</th></tr>
<tr><td>得分解释</td><td>10~15 分：自卑者
你对自己缺乏信心，尤其是在陌生人和上级面前，你总是感到自己事事都不如别人，你时常感到自卑。你需要大大提高你的自信心。

16~25 分：自我感觉平常者
你对自己感觉既不是太好，也不是太不好。你在某些场合下对自我感到相当自信，但在其他场合却感到相当自卑，你需要稳定你的自信心。

26~35 分：自信者
你对自己感觉良好。在大多数场合下，你都对自己充满了自信，你不会在陌生人或上级面前感到紧张，也不会因为没有经验就不敢尝试。你需要在不同场合下调试你的自信心。

36~40 分：超级自信者
你对自己感觉太好了。在几乎所有场合下，你都对自己充满了自信，你甚至不知道什么叫自卑。你需要学会控制你的自信心，变得自谦一些。</td></tr>
</table>

第二章

笃信——心灵之锚

有一天，一棵小树问我：“我要怎么样才能长成像您这样的一棵大树？”

我回答：“你只要相信你能长成一棵大树就行。”

小树很不可思议：“这么简单吗？”

其他的小树则表示怀疑：“您是因为已经长成一棵大树，所以才这样说的吧。”

还有的小树非常烦恼：“有虫灾、有干旱、有风暴……我不确定能否做到始终相信。”

我笑了，问他们：“今天你们能看到明天的太阳吗？”

小树们回答：“看不见。”

我接着问：“那你相信明天会有太阳吗？”

小树们回答：“相信啊！可是这和我们能不能长成大树有什么关系？”

我说：“你们能够长成一棵大树，就像明天会有太阳那般确定。你们要像相信明天会有太阳一样地相信这一点。只要你们信，就能实现！”

相信而后才会看见

自信者不疑人，人亦信之。自疑者不信人，人亦疑之。

——《史典》

小树渴望自己能够成长一棵大树，大树告诉它们最好的方法就是相信自己能够长成一棵大树。那么，你渴望什么？你是否相信自己能够拥有？

曾有一本书上说“我们每个人都有心想事成的能力”。对此很多人表示不理解，如果真是这样，人人躺在床上都做白日梦就好，哪里需要什么努力、奋斗，人生又何必经历这么多的坎坷与磨难！

其实，对于“心想事成”，我认为它更贴切的含义是：我们内在“信”的力量对生活、对人生所起到的作用。就像有人解读的那样：

你相信什么，就会吸引什么，这叫“心想事成”；

你怀疑什么，什么便会与你擦身而过，这叫“不信则无”；

你抱怨什么，什么就会在你身上发生，这叫“怕什么来什么”。

那么，“信”的力量到底是什么？真的有那么神奇吗？

“信”的力量是让我们对自己所渴望所追求的东西有着十足的信心和底气，是未来一定会实现的真实可靠的凭证、证据。简单理解，信心，就像故事中小树会长成大树，明天会有太阳般地确实和坚定。

根据瓦萨里《艺术家列传》中的记载，大卫像在米开朗琪罗动手之前，原是一块废弃的大理石，一个雕刻家不慎失手，将这块大理石两腿位置中凿坏一个大洞，已残破，似乎不可能再雕出一件完美的作品了。这块石头也被遗忘了 25 年。后来米开朗琪罗知道了这块石头，为了争取到它，他事先做了周全的准备，到现场仔细把石头重新衡量，计算好如何依照既有形状创作雕刻，然后信心满满地向大理石所有者提出了雕刻计划。当时与他一起竞争这块石头的还有著名的雕刻家莱昂纳多·达·芬奇等人，但最终只有 26 岁的米开朗琪罗得到了信任和委托。受到委托后，米开朗琪罗埋头工作，并在大理石原先被凿坏的部分，有意在石像边缘保留下部分凿痕——就这样，一件伟大的作品诞生了。

为什么米开朗琪罗能将被凿坏的大理石雕刻成伟大的艺术品？因为在还没有雕刻的时候，他就已经想象出雕刻出来的样子并对此信心满满，就像他自己说的那样：他的雕刻就是“将禁锢在石头中的生命解放出来”。

所以，信心的神奇之处在于：

信心是一种判断，对事物未来发展乐观的预测、预见，是对未来的确信，虽未看见却已相信。

信心是一种坚持和专注，是对现在的坚定，不会左右和影响现在所做之事，凭借“信”的力量和行动无惧风雨。

也许道理很简单，但是为什么有些人成功了，有些人还在苦苦挣扎、纠结？

Google（谷歌）现在已经是搜索引擎的龙头企业，股票一股达上千美元，还一股难求。但是在刚创业时，创业者因为付不起房租，房东好心地建议他们用股票来扣抵房租。你如果是Google的创业者会做何选择？相信很多人会迫于压力接受房东的好心，但是两位创业伙伴并不愿意，因为他们相信自己研发出来的搜索系统一定会成功，事实也证明他们是正确的。

这个世界上有三种人——成功者、普通人、失败者。

成功者——先相信后看见；

普通人——先看见后相信；

失败者——看见了都不信。

一般人无法相信看不到的东西，一定要眼见为实，而当他们看到别人梦想成真时，只会用羡慕嫉妒的心态来对待，辩称是因为别人运气好、机遇好、条件好（比如有个有钱的老爸或本身才华横溢），真的是如此吗？

我们不可否认这些都是成功的有利条件，但是关键更在于你相不相信自己会成功。当你相信自己会成功时，你才会想办法努力去实现它，而不是看到了别人成功，才相信这件事会成功。因为当你看到别人成功的时候，通常这件事已经没有机会了。

因此，不管你正经历着怎样的挣扎与挑战，都只有一个选择：虽然痛苦，却依然要快乐，并始终相信未来。

1. 改变思维，人之所以能，是相信能

诸葛亮从来不问刘备，为什么我们的箭那么少；关羽从来不问刘备，为什么我们的士兵那么少；张飞从来不问刘备，兵临城下我该怎么办……于是有了草船借箭，有了过五关斩六将，有了据水断桥吓退曹兵……如若万事俱备，你的价值何在？

因此，不管做任何事情，先不要急着去分析客观条件的利弊，而是先让自己拥有 100% 的信心，告诉自己："我能！""只要我想要，就能实现！"在这个世界上，我们唯一需要突破的是自己内心的障碍，所有的成功都离不开相信和自信。很多时候，你在相信的时候，就真的给自己赋予了能量。

2. 学会仰仗信心的力量

李笑来在自己的书上写到关于孙正义创建银联的故事时，这样说道：他高中的时候自己想要拥有 1000 万元，后来实现了。

我觉得自己没有孙正义现在的地位，应该是没有当时孙正义那么“狂妄”的想法吧。

他还在书中告诉年轻人要120%地笃信自己的未来，就算身边的人各种杂言乱语把你的20%的梦想给磨灭了，你应该还得100%去相信，甚至弥补回失去的20%。

暂时的失败可能会经常阻碍你，但是一个人的信心需要接受不同方式的试炼，而失败或许就只是一个“测试阶段”。因此，你需要把失败当作激励，并付出更多的努力，继续怀揣信心。而真信心也不是乞求人生风平浪静，而是凭着信念和行动让自己凌驾于风浪之上。

最后，记住机会永远是留给那些相信自己会成功的人，而不是看到别人成功，才会相信的人。

大脑的“故事”

身之主宰便是心，心之所发便是意，意之本体便是知，意之所在便是物。

——《传习录》

爱默生说：“每个人最大的启发都来源于思想。”我们每个人今天的样子都是由昨天的想法塑造的。因此上一节我才强调要先改变思维、意识。思维来自哪里？来自我们的大脑。我们只有真正了解了大脑的运作原理，才能真正了解信心的作用机制。

而我们的大脑是有“故事”的，同时也是“编故事”的高手，我们为它注入什么，它便会为我们提供什么版本的故事。

先看大脑的“故事”。

大家都知道我们的大脑有数亿个基本神经细胞，有语言、视觉、空间等功能区，科学研究已经表明，人类的意识主要是由大脑的各个部位的协调合作而产生的。

举个例子：一只蚂蚁只能够分辨气味、标记记号，但是一群蚂蚁却可以构造出精妙的巢穴，有等级行为，甚至会利用微生物发酵产生的热量孵化卵。在大脑中，一个个神经单位就像是一只只蚂蚁，一只只蚂蚁构成一个个晶体管，信号在此传递或不传递，在无数次传递和变化之后意识也就产生了。因此大脑和我们的意识存在这样的关系：

大脑是意识与大千世界沟通的纽带和桥梁，我们的五感（视、听、嗅、味、触）所感受到的大千世界通过大脑转化为我们的意识，也就是说一个人感受到的大千世界很大程度上影响了一个人的思想意识。

大脑是意识的表达或显现，它受控于我们的意识、信念，因此我们的日常行为、动作都是有意识、有目的的，而一些下意识的动作、行为则是受我们潜意识的影响。

因为大脑是意识与大千世界的沟通纽带，所以"读万卷书，行万里路""穷山恶水出刁民，青山绿水出才子""近朱者赤，近墨者黑"……这些是有道理的。但是大脑又被我们的意识和信念所影响，所以也有"出淤泥而不染""勤能补拙""越挫越勇"……

而信心很大程度上是一种意识能量，它能够影响我们的大脑，从而影响我们的行为。这是大脑能够"编故事"的原理所在。

我们再看大脑是如何给我们"编故事"的。

我有一个朋友，每天察觉自己脑海中的念头，那段时间也正好是公司培训期，每天都要不断地学习与接受考核。

他告诉我："你知道吗，每一次考核之前，我都会对自己和身边的朋友说'这次我肯定会表现很好，分数一定会很高。'"

"结果呢？"我很好奇地问。

"说来很神奇，每次当我对自己坚信不疑的时候，结果都如我所愿；如果我跟自己说不行的时候，结果也会如我所愿，我确实没做好。"

相信很多人都有着相似的经历。

为什么会这样？

通常，当我们遇到一件事情时，会有三种态度：

"我能够！"

"我不能！"

"我不知道！"

（你可以仔细想一想是不是如此？）

也许这三种态度中，只有"我不知道"说的是事实，而前面两种则是主观判断，因为你还没做，"我能够"或"我不能"都是凭借着自己以往的经验和信念推断出的结论，并不代表你真的"能"或"不能"。但是这三种态度，代表着三种不同意识能量，对我们大脑的作用也截然不同。

"我能够"：你坚信这件事情一定能够做好，你的大脑便会发挥它的能力——想办法把事情做好，即便事情看起来无望时，"我能够"的信念会让你克服绝望而继续将事情做下去。

“我不能”：你对这件事情没有信心，你的大脑也会发挥它的能力——停止寻找能够做好这件事的办法，转而去解释你为什么做不成的理由（这一点下一节中会详细阐述）。

“我不知道”：你的潜意识害怕做不到或做不好，本质上信心不足，你只会先给自己找理由，“如果失败了，不要怪我啊”，你的大脑处于一种探路的状态，当它收集到的信息有助于成功，你会继续下去，反之你会停止，转而去解释“我为什么完不成”。

而在现实中，成功者从来都是“我能够”，失败者是“我不能”，普通人则是“我不知道”，因此犹豫、纠结，然后反反复复、庸庸碌碌，最后悲哀地感叹一句“这都是命”！

其实，一切都不是“命”，而是在于你是否能够给大脑注入强大的“我能够”的信心能量。

1. 改变心态就是改变自己

任何的负面心态都会破坏我们的信心，并导致各方面消极的反应。你的心态决定了一切，因此，你需要学会掌控自己的心态，学会暗示自己：自己是最棒的、自己一定行、自己一定可以；拒绝任何对信心产生不良影响的“闯入者”进入大脑，保持积极的心态，无论付出怎样的代价。

另外，意识决定行为，行为决定结果，意识的终极能量会是我们的信念，我们要懂得去建立自己的信念系统（这将在下一节中为大家详细阐述）。

2.“不害怕”便是成功了一半

当你积极行动的时候，你的大脑也会相应地做出积极行动。遇到任何困难或不愉快的情况，不要回避、逃避或者给自己找理由，而是要直面它，并且用行动来反击，摆脱那种情况。你会发现，只要不害怕这种情况，在和它的“战斗”中，你就已经成功了一大半。

3. 善用“近朱者赤”

既然“近朱者赤”是有道理的，我们就应该充分运用：

尽量多结交一些认同你观点的人，和他们友好共处，并且告诉他们你需要他们的鼓励。

挑选一些自强不息和勇敢的人作为目标，并且下定决心，不仅要跟上他们，而且要超过他们。你需要默默地做这件事，不要透露给任何人知道（大言不惭对成功没有任何好处，自信并不意味着虚荣或者自大）。

经常看能够增加信心的图书或格言等，这样，你就能让自己生活在渴望荣誉和成就的氛围中，这个习惯带来的收获将会是惊人的。

人与人之间本无太大的区别，真正的区别在于是你驾驭命运，还是命运驾驭你。尽管有些事情我们无法改变，我们不能控制自己的遭遇，但是意识能量会帮助我们更好地驾驭命运，成为命运的主人。

别说不可能

地球上的任何一点离太阳都同样遥远。

——伯顿

上一节中，我们说了大脑会给我们“编故事”，想要让“故事”往好的一面发展，很重要的一点就是要懂得拒绝不好的意识，也就是别对自己说“不可能”。

然而我们又太习惯说“不可能”了：“我怎么可能成为学霸？”“我怎么可能担当重任？”“我怎么可能成为百万富翁？”“我不可能跨过眼前这道坎。”……你不会觉得这有什么问题，似乎很多人也都是这么认为的（所以很多人庸碌一生）。

那么，现在请你想一想：你羡慕的人是谁？羡慕他什么？他经常说“不可能”吗？你会发现他思维活跃，敢于尝试，很少说“不可能”。

认清这个现实后，请你再想一想，对比他，你所谓的“不可能”真的就“不可能”吗？

约翰·库缇斯 1969 年出生于澳大利亚，出生时只有可乐罐那么大，腿是畸形的而且没有肛门，躺在观察室奄奄一息。医生断言，他不可能活过 24 小时，建议他父亲准备后事。当悲伤的父亲给儿子准备好小棺材、小墓地后，发现儿子居然还活着。医生又断言他活不过一周、一个月、一年……约翰习惯了自己的身体状况，也接受了这样的现实，他学会了用手走路，更学会了永不言败的决心。而他的经历也是我们永远不敢想象的。

约翰从小被当成怪物，孩子们嘲笑他、捉弄他、伤害他，生活中的遭遇曾让他一度想自杀，后被父母劝阻。在父母的关爱与鼓舞下，他以惊人的毅力生活、学习，虽然遭遇不幸，但他始终以积极的心态面对人生。面对那些在成长过程中歧视、敌视他的人……他每天都像战士一样，时刻鼓励自己坚持下去。

然而命运并没有因此而善待他，1999 年，他不幸患了睾丸癌，被迫摘除睾丸，那一刻他差点疯掉——他多想要一个孩子。可是手术后不久，他又得到了一个更坏的消息：因为癌症已经扩散，他估计最多可以活 24 个月。

知道这个消息后，约翰对所有的人咆哮：“你们为什么宣判我的死刑？我要到自己想死的时候才会死。”那一刻，约翰想到了扼住命运咽喉的贝多芬。于是将近一年时间他都在与病魔抗争。他阅读了大量关于癌症的资料，几乎成了癌症咨询专家。2000 年 5 月，幸运女神终于眷顾了他一次，他的癌症痊愈了。也是在那一年，他和爱人结婚了，同时还拥有了儿子，尽管儿子有自闭症、肌肉萎缩症、大脑内膜破损、心肌功能障碍等病症，他依然坚持说："我的儿子将来一定会成为最棒的人物！"如果是你，你敢如此"大言不惭"吗？

约翰的口头禅是："别对自己说不可能！"就因为这种信念，他取得了一系列让正常人惊叹的成就：夺得澳大利亚残疾网球冠军、成为澳大利亚板球队荣誉队员、考取了驾照、成为国际公认的超级激励大师等。

相对于约翰·库缇斯，我们已然幸运太多，为什么幸运的我们却活不出他的精彩？我们是否真正想过每一个"不可能"背后到底是什么？

"不可能"的背后是我们出于抱怨、懒惰、压力、挑战、困难……而给自己找的借口、"安慰"，当借口和"安慰"多了，也就当真了。一次次"不可能"的叠加便是信心一次次地被磨灭，直至荡然无存。

"不可能"是潜意识给了自己消极暗示，不敢想、不敢做，让我们的思维戴上了"紧箍咒"，而人与人之间的区别很多时候就是认知的差别、思维的差别，在这种消极潜意识的影响下，我们又如何去挑战、去突破、去活出自己的人生？

也就是说，当你说"不可能"的时候就已经在潜意识中进行了自我否定，就已经给自己预设了剧情走向。而成功的三大原则是：不找借口，拿掉大脑的所有限制，大胆地持续行动。所以，我们要像约翰·库缇斯一样别对自己说不可能。

1. 成为最会鼓励自己的人

每个人一路走来，总不会是想象中的那么好，每个人的背后都会有心酸，都会有无法言说的艰难，就像约翰·库缇斯所说："无论你觉得自己多么不幸，永远有人比你更加不幸；无论你觉得自己多么了不起，也永远有人比你更强。"

人生没有真正的绝境，很多时候不过是我们自己吓自己。不管遭受多少艰辛，无论经历多少苦难，都要将"不可能"变成"我可以"，时刻对自己说"我可以"，一遍、两遍、三遍……始终用积极的意识能量来激励自己，并形成习惯。

2. 潜力是无限的，需要逼一逼

有一句话大家耳熟能详："人因梦想而伟大。"

我们会鼓励一个孩子拥有梦想，鼓励孩子敢于尝试，为什么自己却裹足不前，不敢想、不敢做了呢？因为我们被"不可能"吓住了、困住了！当我们学会鼓励自己时，便开始慢慢脱去思维的枷锁，像一个纯真的孩童那般重拾梦想的美好。

另外，也只有多尝试，我们才能知道自己的能力边界和潜力极限在哪里。就像约翰·库缇斯所说："100 次摔倒，可以 101 次站起来；1000 次摔倒，可以 1001 次站起来。摔倒多少次没有关系，关键是最后你有没有站起来。”可能性是要自己去创造的，多思考才能找到不一样的答案，多行动才能获得更多机会。

3. 拥有信念的力量

如何才能真正不害怕、不逃避？依靠信念的力量！

你想要什么样的生活只有自己知道，需要自己去争取、规划、调整和改变，在这个过程中，只要你心中还怀有一粒信念的种子，你就一定能够走出困境，让生命开花结果。

我们要如约翰·库缇斯那样坚定："每一天都会成为你生命中最美好的一天……你也可以做到！你也可以！请记住别对自己说不可能！ Nothing is impossible!（没有什么不可能！）"

源头决定喷泉的高度

意志的目标不在自然中存在，而在生命中蕴藏。

——武者小路实笃

现实中我们常常遇到这样一些“奇迹”：一个生活中充满困苦、失意的人，总是笑容灿烂，拥有着最简单的快乐，让人艳羡；一个生活在底层的年轻人，抱着咸鱼翻身的理想，再苦再累也在所不惜，最终创造励志传奇；一个身患绝症的人，认为自己“一定会好的”，最终成了医学界的奇迹；等等。

那么，为什么这样的“奇迹”不会发生在你的身上?

很多时候，对于一件事情的发生，你如何反应不是由你决定的，而是由你的信念决定的。信念就是深信不疑，是我们对待人、事、物的信心和决心。

我认识一位女士，她事业有成，家庭幸福，身边很多人羡慕地对她说："你的运气实在太好了，总是能够心想事成。"

的确，表面看起来是这么回事，而实际上用这位女士的话说："这一切都是被逼出来的。"孩子三岁时，她的丈夫突患疾病，家里一下子失去了经济支柱，35 岁的她咬牙去找工作。

由于没有经验，她只能从销售做起。不懂销售，没有人脉，也没有人教，她有的只是一股不服输的劲头，凭着这股劲死缠烂打，仅用三年时间个人业绩就占到了公司业绩的 1/10，然后她成功地独立出来，成立了自己的销售公司。

关于她的成功，她时常说："有困难并不可怕，可怕的是被困难打倒站不起来。这世界没有什么困难，只要你能狠下心来，坚决地往前冲。我就是凭着这个信念才有今天的生活，没有这个信念我根本走不到现在。"

取得事业的成功后，她很快就将目光对准自己的内在，她时常告诉自己：通过这几年的治疗，丈夫的病已经好转，孩子也健康成长，并没有因为曾经的巨变造成不良影响，我有了更多的时间可以做自己想做的事，我是幸福的，我应该时刻让自己幸福。今天别人看到她所享受的幸福，其实是在她精神的无形之手的帮助下，在信念的基石上，构筑出来的希望、专注、欢乐，是她内在幸福的直接结果。

所以，当身边的人成功了，当困难或者不幸降临，当疾病的痛苦折磨你的身心……你真正要做的不是急于嫉妒、抱怨、恐惧……而是先审视自己：你的态度如何？你的内在认知如何？你的信念如何？

有了信念就有了支撑，它会让我们知道自己为什么而活着，知道了自己为什么而活，我们就能笑着迎接生活的挑战。

有了信念才会有改变命运的勇气，信念来自对自我设定的目标与要求，它会让我们懂得万事依靠自己，持续激发自己的潜能，让我们发现自己比原来更强大。

有信念才会有积极主动的生活态度，有信念我们才能在生活不易的时候依然懂得坚持，当一个目标达到后又产生新的希望，在跨越一个个人生的目标中不断接近成功，并最终活出内心想要成为的自己。

信念于我们，会是刻在心底的一座高墙，一处不可攻破的堡垒，是融合了信心、目标、处事态度的一套强大系统，带着什么信念出发，就会抵达什么样的人生。

那么，如何打造自己的信念系统？

1. 信念的形成：概念—观念—信念

信念就是我们上一节中讲到的意识的终极能量，由意识变成信念遵循这样的演变路径：

概念—观念—信念。

我们之所以认识事物，是大脑先有对这个事物的概念，然后通过思考、判断获得认知，当这种认知在我们的思维上习惯化便成为我们的观念，当我们将观念上升到理性的高度，并且对其深信不疑的时候，它就成了我们的信念。

而概念是客观的，观念是受外界影响而产生的一种思想，在我们还是孩童时，父母、学校和社会已经将各种观念灌输给我们。比如“从事这个职业无法谋生”“去做那件事情不会快乐”“你需要这样，而不能那样”……因此，我们在接受一种观念时，要学会怀疑、质疑，然后自省、审查，剥离那些不好的观念，这样才会培养乐观和积极的信念，而不是陷入执念、怨念之中。

2. 信念的动力：欲望（愿望）—信心—目标

人是有欲望的，这并不是羞耻的事，而是人的本性。比如对成功的欲望，这是人人都拥有的，是成功的前提之一。你要不断地给自己信心，一定要有像“无论如何一定能做成”“无论如何一定要这样做”的信心力量去支持自己对成功的欲望，然后反复思考，将其变成目标，就会自然而然地朝着这个方向前进。

稻盛和夫认为，成功的前提就是要不断提升自己的欲望，强烈的目标意识会产生无穷无尽的力量，让你积极地采取行动，主动克服生活中的苦难，主动发现机会。

3. 信念的显现：信心—发心—无惧

生而为人，我们已经被赋予了足够的能量，不管是为人为己，这是我们的基本信心，我们做一件事情的初心、愿望，决定了我们能走多远。

因此，我们要懂得守住初心，就像林清玄说的那样："回到最单纯的初心，在最空的地方安坐……以清净心看世界，以欢喜心过生活，以平常心生情味，以柔软心除挂碍。"守住初心，方得始终；守住初心，方得自在。

林肯曾经说过："喷泉的高度不会超过它的源头，一个人的事业也是这样，他的成就绝不会超过自己的信念。"但是今天压力喷泉的出现，使得喷泉的高度已经可以超过源头的高度。因此对我们来说，是源头（信念系统）决定了喷泉（事业、人生）的高度，在生活、人生的压力中，只要你的源头始终充盈，压力越大喷泉的高度就应该越高。

做一个“攀登者”

道足以忘物之得春，志足以一气之盛衰。

——苏轼《贺欧阳少师致仕启》

小树说他们的一生会遇到虫灾、干旱、风暴……其实人生也是如此，不如意的事情占据大多数，不管拥有什么样的目标、信念，在行进的过程中必然会遭遇阻力、逆境，而这也恰恰是人生的常态。

那么，在逆境中起决定作用的是什么？不是情商，也不是智商，而是逆商。

《逆商》一书中曾讲到一个关于登山的故事：

1996 年 5 月 10 日星期五，来自 5 支探险队的 31 名登山者在登顶珠峰时遭遇风暴。登山向导贝克 · 威瑟斯从极寒中清醒过来时，发现自己可能只有三四个小时的生命期限了，更糟糕的是他的御寒手套不见了。但是凭借着超高的意志力，他还是努力地向大本营走去，结果奇迹发生了，他在半路遇到了队友，并最终得救。

借着这个故事，我们把面对逆境的人分为三类：

放弃者，随遇而安、贪图安逸，喜欢逃避和放弃；

扎营者，曾经努力过，在他们获得了一定的地位和成就后，便松懈下来，在原地安营扎寨；

攀登者，他们不光是为了暂时的头衔或者地位，他们将人生视为长跑，不急于一时的成就，永不停止探索可能，追求卓越。

电影《肖申克的救赎》是我非常喜欢的一部电影，讲了三个人的三段故事：安迪个人的自由救赎，希望背后的朋友瑞德的救赎，以及刑满释放重获自由却不得救赎的老布。

他们 3 个恰好就代表了逆境中的 3 种人：安迪是“攀登者”，自愈力、求生欲极强，既不屈服命运的安排，又责任感爆棚；瑞德是“扎营者”，来什么接受什么，没什么也无所谓，如果不是安迪，他或许过着安稳的小日子无欲无求；老布是“放弃者”，不敢开始新的生活，只能以死亡的方式放弃。

我一直以为，这部影片突出的不仅仅是对自由的向往，对生的希望，也是在教会我们面对逆境时的“救赎”。电影中的一段话也让很多人深思：

如果你自己都放弃自己了，还有谁会救你？每个人都在忙，有的忙着生，有的忙着死。忙着追名逐利的你，忙着柴米油盐的你，停下来想一秒：你的大脑，是不是已经被体制化了？

诚然，每个人都希望自己是攀登者，但是大多数人是扎营者和放弃者。因为我们的大脑潜意识深处遇到问题特别是难的问题，会下意识地自我防卫——抵御一切我不愿接受、我不敢面对的现实，从而影响我们的大脑做出冷静的思考，导致错误的判断和行为，出现三条岔路：

岔路一：攀登者变成扎营者，在行进的过程中失去信念之心、奋进之心，被安逸所诱惑，停下脚步安营扎寨；

岔路二：无助—无望循环，无助让人丧失希望，而无望则变成自证预言，相互证实，彼此促进，容易让人丧失信心，斗志涣散，最终放弃；

岔路三：灾难化，一遇到小事便想象成是重大挫折，又把那些挫折想象成无法挽回的灾难，产生受害者心态，让人以此为借口放弃行动。

当然，逆商不同于智商，我们可以通过刻意的练习获得。实验证明，我们的大脑在学习一项新技能或接受一个新观念时是“发亮”的，一旦我们掌握并熟练这个技能、观念，大脑会形成潜意识，再遇到相同的问题便能下意识地做出正确反应。所以我们深陷困境时，可以凭借逆商完美逆袭。

那么，如何“刻意练习”？

1. 借用 LEAD 工具

L（Listen，听），倾听自己的逆境反应。让我们的大脑注意到逆境，只有先发现逆境才能应对逆境。从而训练出对逆境的察觉力。

E（Explore，探究），深究阻挡力，探究自己对结果的担当力。过分地推卸责任，只会减少我们在逆境中的主动权、掌控感，因此我们接受适当的责备，但是更应该从行动中吸取教训，通过承担责任促使自己行动起来。

A（Analyze，分析），分析所属逆境等级，这是一个简单的质疑过程，旨在把负面影响降到最低。

D（Do，行动），做点事情，离开舒适区。这不仅要列出执行清单，还要有轻重缓急，知道哪些需要率先行动，然后确定到具体时间。这个步骤会让我们的各种想法形成一个明确的、有计划的前进行为。

2. 停止思想“灾难化”

学会刻意练习后，还要用正确的方式停止思想“灾难化”，有以下方法：

分心法：在你意识到自己开始把事情灾难化时就转移自己的注意力，如拍东西喊“停”、关注其他不相干的事、运动等。

重塑法：让你正确理解自己身处的逆境，从而让你摆脱灾难化，如重新关注目标，提醒自己的初心是什么或因为什么才会如此；渺小化，可以让自己身处一个宏大的场所（仰望星空、大海，站在人潮拥挤的人群），衬托自己的渺小；帮助他人，帮助他人正视逆境，能让你看待自己的问题时更客观正确。

最后，“心若是牢笼，处处为牢笼，自由不在外面，而在于内心”，相信自己一定能够做到！

【信心语言】

你的语言有信心能量

信心是什么？

信心是能够让我们在对人生实况一一深思、审视后，得到这样满意的结论：肯定且确信没有任何事物能够阻断生命及能力的供应线，只要我们还坚信着就能得胜有余。

语言是有信心能量的，能够为你注入坚定的人生信念，以下这16句话或许可以影响你的一生：

1. 我是独一无二的，我是我认为的勇敢、积极、乐观的我；

2. 我是最棒的，我一定会成功；

3. 成功是因为态度，信念决定态度，态度决定行为，行为决定结果；

4. 过去不等于未来，重要的不是从哪里来，而是到哪里去；

5. 人因梦想而伟大；

6. 不是不可能，只是暂时还没有找到方法；

7. 命运在自己手里，而不是在别人的嘴里；

8. 想要天助，先要自助，天助自助者；

9. 越努力，运气会越好；

10. 我要，我就能，我能，我就实现；

11. 无法改变的或暂时改变不了的就改变自己；

12. 每天笑容比昨天多一点，每天行动比昨天多一点，每天进步比昨天多一点；

13. 只要我不服输，失败就不是定局；

14. 没有失败，只是暂时还没有成功；

15. 成功决定于我下决心的那一刻；

16. 成功的人找方法，失败的人找借口。

第三章

守望——行进之桨

难得一天风和日丽，我们沐浴在阳光中，惬意地聊着天。我见势抛出了一个老套的话题，让每棵小树谈谈自己的愿望和期盼。

小家伙们踊跃发言，有的盼望着能够早早开花结果；有的盼望着能够拥有粗壮的树干，不怕任何暴风雨；有的盼望自己能够长成参天大树……

轮到一棵瘦弱的小树发言，它停顿了一会儿，才嗫嚅道："我，我没什么期盼。"

场面立刻安静了下来，我们都看着这个没有期盼的小树。

我很惊讶："为什么呢？难道未来不值得期待吗？"

"我不知道自己能不能挺得过下一场暴风雨，即便我能够熬过暴风雨，我也不确定自己是否能够熬过如此漫长且无聊的一生……"小树的声音越来越低。

"其实我像你这么小的时候，也担心过这个问题。"我说，"但是刚刚破土的时候，我就盼望着有朝一日能成为一棵顶天立地的大树。我相信自己能够做到，还给自己定了一个个小目标，每天多长一片叶子，树枝多长一毫米，下次在暴风雨中弯腰的幅度稍小一点……”

“然后呢？”小树看着我。

“然后啊，然后我不仅长成了今天的样子，还为自己每天的变化感到欣喜。”我笑着说。

“那你现在还有什么期盼吗？”有棵小树好奇地问。

“肯定有啊。”我点点头，“现在，我会盼望有千万棵树，盼望有一片森林，盼望我们能够彼此陪伴共同庇护着一方土地。心中没有期盼的人，无力前行，只会停留在原地，期盼会是我们前进的动力！”

那棵瘦弱的小树笑了：“我明白了，明天开始我每天要多吸收一滴营养，努力多伸展一毫米。”

信心的跨越

如果一个人不知道他要驶向哪个码头，那么任何风都不会是顺风。

——小塞涅卡

很多时候我们很像小树，“不知道自己能不能挺得过下一场暴风雨”“不确定自己是否能够熬过如此漫长且无聊的一生”。确实，有的时候我们在信心的路上走得很艰难，世事的无常时常让我们坠入迷雾中。

我们可以对照 10 个关键词来简单衡量一下自己的内心：

紧张、焦虑、胆怯、害怕、担心、不好意思、怕丢脸、恐惧、孤独、抑郁。

每一个人或多或少都有以上某一种心理特征，比如遇到重大场合会紧张、怕丢脸这是人类的羞耻心使然。可是当你有了 3 个关键词以上的“标签”，那就需要注意了，你可能有些缺乏勇气，有些自卑。如果你有紧张、焦虑，甚至紧张的时候手抖、脸红、出汗，有社交恐惧、异性交往恐惧，上台时大脑空白等情况发生，那么你就需要来一场信心的跨越。

如何跨越？

新中国第一代舞蹈家、共和国四大演讲家之一——彭清一教授用他的一生告诉了我们应如何进行信心的跨越。

彭清一，1931 年出生于山西忻州，10 岁丧母，成为四处为家的流浪儿。当时，正是日本侵略者在中国横行肆虐的年代，对于无依无靠的彭清一来说，流浪乞讨似乎是这个 10 岁孩子的唯一出路。8 年的流浪生涯，他经常是浑身又脏又臭，脸上黑乎乎的一片，他经历了人间冷暖，忍受了艰难苦楚。

1949 年 1 月 31 日，北平和平解放，一则华北大学艺术系招生的告示让他燃起了艺术梦。可是招生条件上规定要有高中文凭，侄女彭本一就把自己的文凭送给他。就这样，他凭借着一张经人添添改改变成“彭清一”的高中文凭混进了考场。考官正是那位扮演过白毛女的艺术家王昆，她让彭清一试着唱首歌。彭清一丝毫没有因为自己是流浪儿而害怕、怯场，他挺起胸膛，放声地唱起来。他的歌声、他的从容，终于让他考进了华北大学艺术系，第一次他的人生被梦想点亮。之后，他加入了中央西南民族访问团，因为出色的舞姿，被当时著名的舞蹈家戴爱莲赏识，被送入了中央戏剧学院舞蹈团。 他进一步明确了自己的方向——舞蹈，他热爱舞蹈。

然而，从来没有经过系统培训的彭清一对舞蹈专业知识一无所知，他没有测量过上下身比例，没有经过“力度”“软度”的测试，甚至也没有注意到他有最犯忌的“O”形腿。20岁的他，并不懂得这个年龄身体已成型，可塑性很差，而想在舞蹈方面有所成就，没有十年的艰苦磨炼是难成气候的，所以当苏联著名芭蕾舞蹈家斯考尔斯基和芭兰诺娃看到一个大小伙子，而且还是个罗圈腿时，连连地摇头。为此他一度消沉，想要放弃舞蹈。但是一想到自己对舞蹈的喜爱、戴老师的期望、党组织的关怀、同志们的鼓励时，他便鼓起勇气，20岁的他坚定了自己的信念和选择。

在平日的练功中，为了练好一个基本动作，彭清一遵照教员的指导，对每一个动作都要练上百次、上千次，一上午要换好几件汗水淋淋的背心。为了练好芭蕾舞中的旋转动作、使动作优美、柔和，彭清一连走路都在想动作、练动作，以至于好几次撞到路上的行人……功夫不负有心人，他终于成长为出色的民族民间舞蹈艺术家，也成为一位视艺术为生命的人，曾凭借出色的表演在国际上为祖国赢得了两枚金质奖章。

1985年，彭清一在排练完大型音乐舞蹈史诗《中国革命之歌》后不久，作为文化部高级职称评委会评委，中国舞蹈表演艺术委员会的五名常委之一，在考核中他要为青年演员做示范动作。彭清一连做了两个示范动作都很成功，为了让青年演员有更清晰的印象，他又接着做第三个示范动作。毕竟是55岁的人了，难免力不从心，一个跟头上去，空中翻转 360 度，由于冲力太大，先着地的左腿经受不住全身的重量，只听“咔叭”一声，彭清一的左腿骨折。飞来的横祸，残酷的现实，让彭清一不得不离开他心爱的舞台。

这时，在彭清一面前有两种选择：一是功成名就，回家颐养天年；二是适应当时的潮流，利用他的知名度和人际关系“下海”赚大钱。彭清一舍去了这两种选择，他始终认为人的一生就应生命不息、奋斗不止。他选择了舞台上的一步“横跨”，从艺术舞台走上人生讲台，从事思想政治工作，为净化人们的灵魂而呐喊，为正义而呐喊，为祖国强盛的明天而呐喊……

从一个流落街头的流浪儿到新中国第一代艺术家，从事舞台演出 36 年，参加国内外各类演出近万场；从事演讲事业 36 年，各类演讲达 5000 场，直接听众超过 500 万人，被尊称为共和国四大演讲家之一……彭清一先后到 40 多个国家和地区进行访问，多次受到毛泽东、刘少奇、周恩来、邓小平等国家领导人的亲切接见，名字被收入在《中国当代艺术界名人录》，先后荣获“世界和平贡献奖”“铸魂金杯奖”“演讲特别奖”等荣誉称号。中华人民共和国成立 70 周年之际，荣获中共中央、国务院、中央军委颁发的“庆祝中华人民共和国成立 70 周年”纪念章。

因此，越是无法看到前面的曙光，越是要懂得借助期望的力量来实现信心的跨越：

期望是梦想和希望，人生本没有什么奇迹，一切的奇迹都是从升起希望的那一刻开始。

期望是目标和动力，人生没有天生的成功，一切的成功都源于有足够热爱的行动。

1. 信心的跨越，发自内心的期望与热爱

当你因别人优越的生活条件而自卑难堪时，你是否问过自己真正想要的是什么样的生活；当你纠结于要不要换工作时，你是否问过自己真正喜欢什么样的工作；当你行至人生十字路口不知道何去何从时，你是否问过自己到底渴望哪一种人生……

人生可以没有很多东西，唯独不能没有希望，希望之处，生命才会生生不息。

期望是一缕阳光，驱散忧愁，内心明媚喜乐；

期望是一阵和风，不急不躁，行动坚韧从容；

期望是一顶王冠，消融羞耻，沐浴荣耀之光；

期望是人生的滋养，生命始终活泼生动。

那么，你的期望是什么？你对此足够热爱吗？你为此是否愿意始终坚持和努力？现在就想想，当你明确了自身的期望，你就会发现不管世事如何纷杂，你心始终坚定，不管事态如何严峻，你会始终自信且从容。

2. 人生的跨越，“吃常人难吃的苦，受常人难受的罪”

拥有了期望，即拥有了目标及强大的信心保证。那么如何去实现人生的跨越？

我第一次见彭老是2007年去成都听他的演讲，彭老身残志坚、顽强拼搏的精神一直激励着我。十几年来，我和彭老一直保持着亦师亦友的关系，2020年1月，我受委托再次邀请90岁高龄的彭清一教授到广州做演讲，他是我的偶像和榜样。

当我问他：“从舞蹈演员走到讲台，转行的跨度这么大，您是如何适应的？”彭老笑笑说：“用我在报告中常讲的一句话就是：爱就爱得深，干就干得好。吃常人难吃的苦，受常人难受的罪。”

彭老的话非常朴实，也给了我们最好的启示：

突破自己；

脚踏实地；

靠能力而不是靠智力；

每天进步一点点。

一切就是如此简单，也如此不简单。

不做笼子里的鸟

人应当相信，不了解的东西总是可以了解的，否则他就不会再去思考。

——歌德

也许在我们看来，树的一生是漫长且无聊的。而我们人的一生却是短暂且辛苦的：20 岁出头为工作烦恼，然后在社会中磨砺，在爱情中焦虑；30 岁后步入婚姻，打拼职场并考虑兼顾家庭；40 岁面对生活重担，上有老下有小；50 岁孩子离家，担忧生活在外的孩子，考虑养老问题……

即便再普通的一个人，成人的世界也没有“容易”二字。著名作家契诃夫就说：“生活是恼人的牢笼。一个有思想的人到成年期，对生活有了成熟的感觉，他就不能不感到他关在一个无从逃脱的牢笼里面。”

我从来不认为生活是牢笼，虽然生活中的压力、烦恼、灾难会形成一根根铁链，紧紧地捆绑住我们的身心，会让人妄自菲薄、悲观失望、了无生趣……但是一个“对生活有了成熟的感觉”的人更是会明白，只要心怀希望，对明天有着盼望，生活中便能处处有惊喜、有奇迹。

记得美国作家欧·亨利在他的小说《最后一片叶子》里讲了一个这样的故事：

病房里，一个生命垂危的病人从房间里看见窗外一棵树的树叶，在秋风中一片片掉落。病人望着眼前日益凋零的落叶，悲从中来，身体也每况愈下，一天不如一天。她悲凉地说：“当树叶全部掉光时，我也就要死了。”一位老画家得知后，用彩笔画了一片青翠的树叶挂在树枝上。最后一片叶子没有掉下来，这个病人也奇迹般地活了下来。

也许你会觉得这只是作家杜撰的一个故事，现实中谁的人生能够那么幸运会遇到这样一位画家。是的，我们也许不会遇到画家，但一定会遇到一朵花、一句话、一片风景、一个人……其实关键不在于我们遇到了什么，而是在于我们内心是否始终有着期盼。

我的一个朋友，第一次婚姻给了她重大的打击。开始是求子不得，那个时候只要看到孕妇，她就忍不住掉泪。她也试过各种方法，看遍了中西医，依然没有成功。后来婚姻也失败了，这对她来说是一个非常沉重的打击。然而，出乎所有人的意料，消沉了一段时间后，她居然总结“教训”，给自己列了一个“理想对象清单”，把理想对象的条件一一列出来。大家都觉得莫名其妙，也有些好笑。但是她却说:“不管这段婚姻如何，我还是期盼一个美满的家。”后来她偶遇了一个人，发现他居然符合她 90% 以上的条件。就这样她毫不犹豫地再次结婚，一儿一女也先后出生。

现在她有了一个好老公，两个小孩，人生就像吃了一颗定心丸，她的内心很坚定，她说:“我的脸随时都会带着微笑，我已经不害怕自己不快乐了，因为我觉得明天会更好。”

那么我们又是如何被磨灭了希望的?

曾经有一篇报道一度让我非常唏嘘感慨:

英国有一个马戏团失火烧死了几头大象。后来收拾善后的时候，有人发现，那些大象只是被一根细绳拴在一根很细的木桩上，但是大象就这样眼睁睁地看着火苗上身，始终未曾迈出一步。

很多时候我们就像这样的大象，被细绳与木桩——经验、制度、环境等束缚了，尤其是心灵层面的束缚。我们常常经历迷惑、迷茫，然后开始适应，到逐渐习惯，最后麻木不仁、逆来顺受、害怕改变。最终感叹一句:“还能再折腾几次，就这样好死不如赖活着吧。”“明天是什么，不过是今天的重复！”或者将所谓的期望建立在别人身上，“我这辈子是没什么指望了，你可要努力啊！”殊不知——

即使是贴心宜人的伴侣，我们也要刻意经营，通过各种方式来保持新鲜感，增加情趣，增进感情。

即使是安定优裕的工作，我们也要不断学习、不断进步、不断成长，来超过企业发展和社会发展的步伐。

即使是安乐舒适的生活，我们也要向内求索，不断内省、不断丰富，让内在与外在一同丰盈，才不会辜负时光。

因此，即便我们知道自己身处“牢笼”，也要展望生命，满怀信心和期盼；即便我们力有穷时，也要做出努力和尝试。

1. 突破自己的局限

生活在笼子里的鸟，认为飞是一种病。

我们很多人在生活中都会有盲区或盲点，走不出自己的局限：认为自己就是这个样子了，生命始终停留在某个地方。有的人将其归咎于性格无法改变，有的人将其归咎于客观现实无力改变，有的人将其归咎于能力有限，这个不能，那个不可能……这样的生命是不成熟的，人生是不快乐的。

那么，我们的局限在哪里？又如何突破？

做个不是很恰当的比喻，很多时候我们的人生就像是在搭帐篷：

篷布，是我们所生存、生活的“领域空间”，包括心胸、眼界、学业、工作……

绳子，是我们所能延伸的各种领域，各种可能，包括学习、职场、技术……

钉子，是能够支撑我们生存、生活的基础，包括信心、财富、健康、经验……

而我们要做的是扩张篷布，放长绳子，坚固钉子：

“扩张篷布”，当“篷布”足够大的时候，我们所居住的“空间”才会足够大，会有另一番自在的小天地，足够让我们宠辱不惊，感受到喜悦快乐；

“放长绳子”，就是不停留、不满足于眼前的境遇，不要觉得自己就是这个样子，人生就是如此了。我们这一生很短暂，要抓住机会突破自己，改变自己；

“坚固钉子”，篷布和绳子是外在力量的改变，钉子是内在力量的强化，有了这种由内而外的改变、调整，我们会更有力量，人生也因此更加坚定、坚强。

未来，不管是在经济方面还是技术方面，我们都会面临很多新压力和挑战，也许表面上看是换工作、换技术的问题，深层次看则是能否挑战自己、突破自己。

2. 认识自己的能力

爱因斯坦没有考上大学，伽利略在西服小店打过工，以色列前总理梅纳赫姆·贝京是沙漠王国里的贫苦农民之子……不管是在运动场上，还是商界政坛，抑或科技领域，几乎每一个成功者都有一个明显特征：相信自己的能力，对自己感到满意。因此我们也要懂得认识飞行的翅膀，知道自己这双翅膀的力量。

不论人生幸福也罢，苦难也罢，逃避也罢，努力进取也罢，都是要过下去，但是心中有希望、对未来有盼望的人，最终都能够穿过黑暗的时刻，瞧见自己所希冀的那片风景。

靠能力而不是靠智力

君子不器。

——《论语·为政》

我们生活在这个世界上，心里总盼望着某一天能够有自己的事业、能够出人头地、能够幸福美满……

那么，那些实现愿望或成功的人靠的是什么？

有人把其归因为天赋异禀＋超人的努力，认为二者缺一不可，甚至更夸大前者的决定性作用。

于是我们经常听到这样的话："孩子，你这么聪明，成绩这么好，长大了一定有出息。""你学习成绩这么糟糕，长大了能干什么？"很多人一直都认为好成绩、进名校才是成功的基础，于是智商、家庭背景、受教育程度等都曾被我们格外看重。可讽刺的是，过了 10 年、20 年之后，很多人又发现曾经那些成绩好的孩子，正在规规矩矩地当着上班族，而那些曾经调皮捣蛋的孩子在忙创业、忙生意，折腾得风生水起。

为什么会这样？能够决定我们人生的从来不是智力，而是能力！是自信的能力、热爱的能力、坚持的能力、选择的能力……

我们也时常听到一句话，“成功是留给有准备的人”，这个“准备”是什么？不是好成绩，不是家庭条件好，而是信心、恒心、毅力、耐性、直觉、抗挫力……

2008 年 5 月 12 日汶川大地震，这一天对很多人而言是灾难的一天，那一瞬间地动山摇，带走了无数人的生命，舞蹈老师廖智和女儿也被压在了废墟下。30 个小时后，她作为整栋楼唯一的幸存者，却失去了双腿，很快丈夫也和她离婚了。伤口慢慢愈合后，一群志愿者问她愿不愿意继续跳舞，她想也不想就回答，等伤好了，戴上义肢，一切都会和以前一样的。就这样，为了“和以前一样”，她痛苦地做着康复，一个人默默地忍受着伤痛。她不仅做了，而且做得十分出色，她的舞蹈感染了很多人，还站上了各种节目的舞台。

一次，廖智参加《舞林大会》的踢馆赛，她一袭性感抹胸短裙亮相，大胆地露出双腿，那黑色丝袜裹着的义肢，随着快节奏音乐的响起，跳出了一曲热辣奔放的桑巴舞，感动了全场。跳完后，坐在主办方特意准备好的椅子上，廖智整理好丝袜就站了起来。整个过程，她都没有再坐下，不管主持人如何劝说她坐着休息一会儿。她说，她要站着，要和所有参赛的明星一样，她也是正常人。

美国社会心理学家费斯汀格说：“生活中的 10% 是由发生在

你身上的事情组成，而另外的 90% 则是由你对所发生的事情如何反应所决定。”也许很多人若遇到廖智这样的情况，会选择端坐在轮椅上，每天等待着爸妈的照顾，不时捶胸顿足，抱怨一下狠心的前夫和不公的命运……但是她没有，她选择了一种开始更艰难但未来也更光明的活法。今天她的笑容灿烂得令人嫉妒，也拥有了一段真挚的感情、一个美满的家庭。如今她和丈夫携手创业，帮助一些残疾人重获新生，做着有意义并且开心的事业。

“信念→想法→情绪→行为→结果”，我们的人生就像这样一个“综合系统”，并不是头脑足够聪明就能够人生圆满，我们身上的潜力、能力，也并非只有聪明与不聪明两种定义。

著名教育心理学家霍华德·加德纳曾提出“多元智能理论”，指出我们每个人都同时拥有相对独立的 8 种智能：

1. 逻辑——数理智能；

2. 语言——语言智能；

3. 视觉——空间智能；

4. 音乐——节奏智能；

5. 身体——动觉智能；

6. 自知——自省智能；

7. 交往——交流智能；

8. 自然——观察智能。

按照传统的观念，逻辑、语言往往决定了一个人是否聪明，因此当我们说到一个人的智力时，是以语言、数理或逻辑推理等能力为评判核心的。但是根据“多元智能理论”，我们大脑除了决定我们是否聪明，它更应该包含以下几方面：

个人方面，自我意识及其爱自己的能力；

社会方面，大小集体中获得成功的能力，建立持久关系的能力；

感官方面，发挥各种感官的终极能力和潜力；

创造方面，调动大脑头皮神经所有功能进行思考，爆发“混战”，这种“混战思考”能带来想象力、灵活性、关联性；

精神方面，热爱美好事物、善良、积极、包容、顾全大局等，这是种向往梦幻的天性，非常纯粹。

我们的人生恰好是以上几方面的综合作用。孔子也早已在两千多年前就提出了“君子不器”的理论。君子不是一个“器具”，仅仅掌握一定的技能，具有一定的用处是不够的，那是一种“物质化”的人。孔子更关心道、仁，关心生命的大智慧，这智慧是人意志力的纯化，是人对生命本质规律的洞悉。

因此，心想事成，美梦成真，靠的不是智力，而是能力。

1. 明悟你的“天资”

《牵手》的作者王海鸰说过这样一句话：“一个人只要不甘平庸，又有一些天资，就是石头压着你，也会从旁边冒出来。”

那么这些“天资”是什么？它们就是我们本身所具有的“多

元化智能”，是原本就蕴含在我们身上的每一个人都可拥有的实际能力：

认识自己的能力；

相信自己的能力；

判断、选择的能力；

接纳的能力；

行动的能力；

抗挫折的能力；

抗干扰的能力；

学习、修正的能力；

控制情绪的能力；

交往的能力；

……

在这个充满竞争的时代，职位、地位只是一个瓷碗，好看易用但容易打碎；学历只是一个铁饭碗，好看易用但容易生锈；人的实际能力才是真正的金饭碗，不仅好看易用，还不会碎也不会生锈。

2. 掌握目标的“平衡术”

知道了自己身上富有的潜力、能力，你和期望、梦想之间还差着一个目标的距离。

期望≠目标，但是目标却可以很好地平衡期望和现实的差距，让你一步一个脚印地慢慢靠近你所希冀的一切，毕竟不是每一个成功人士一开始就那么富有，不是每一段婚姻始终都是幸福美满，不是每一段人生都充满无限可能……

最后以经济学家薛兆丰的一句话与大家共勉："很多人都觉得，你是谁刚好决定了你将会做什么。事实上，刚好相反，是你决定做什么、你做了什么，反过来最后定义了你是谁。"

不看得太远，也不看得太近

不管我们踩着什么样的高跷，没有自己的脚是不行的。

——布莱希特

1952 年 7 月 4 日，美国加利福尼亚州海岸笼罩着一片浓雾，在一座小岛上，34 岁的弗洛伦斯·查德威克越入海中，开始向着加利福尼亚州的海岸游去。如果成功，她将如愿成为第一个游过这个海峡的妇女。

在游的过程中，海水冻得她全身发麻，雾很大，她几乎连护送她的船只都看不到。时间一个小时一个小时地过去，她仍然游着。15 个小时之后，她又累又冷，觉得自己不能游了，便叫人拉她上船。船上的人告诉她已经离海岸很近了，叫她不要放弃。但是她看了一眼加利福尼亚州海岸的方向，除了浓雾什么也看不到，最终还是上了船。其实她上船的地方，离目的地只有不到一千米的距离。

两个月之后，一个晴朗的日子她再次尝试，这次她成功地游过了同一个海峡。

为什么浓雾中弗洛伦斯·查德威克无法成功，阳光灿烂时便成功了呢？她曾对记者说："说实在的，我不是为自己找借口。如果当时我能看见陆地，也许我能坚持下来。"原来区别就在于"能否看见陆地"。弗洛伦斯·查德威克的期望是成为第一个游过这个海峡的妇女，陆地则是她的明确目标。

从上面的故事中，我们可以看到：

期望，可能性、我想要（人生的一切可能性都可以是期望）；

目标，可行性、可度量、能实现（一切都是清晰的、可见的）。

期望和目标的关系如下图所示。

期望可能很大，也可能很虚无，目标却很具体、很清晰，当我们只有期望，没有目标的时候，眼前不过是一片迷雾。

目标只有能看得见、够得着的时候，才能成为一个有效的目标，才会形成动力，帮助我们实现自己的期望。

同时，目标又好比是期望的一把度量尺，能够综合我们的客观条件、能力、经验，警醒我们：

期望过高，难以实现，当所有的期望变成了遥不可及的梦想，人就会被自己的期望拖垮，终其一生也难以落得圆满的结局，“心比天高，命比纸薄”说的就是这个道理。

期望过低或没有期望，太过容易，改变不了什么，久了便会心生“既然如此，不要也罢”的想法，从而得过且过。

曾经有人对我说：“我期望自己一年能挣 100 万元。”然后将这“100 万元”当作了自己的目标。

一年后，我再次遇到了他，好奇地问道：“你挣到 100 万元了吗？”他笑着摇摇头，然后对我分析说：“你看，我现在的工资每月 5000 元左右，一年最多也就六七万元，一下子想要挣到 100 万元有点痴人说梦。但是一年挣 10 万元，只要我努努力还是可以实现的。所以我后来把目标改成了一年挣 10 万元，今年我确实挣到了 10 万元。现在我给自己定的新目标是明年多挣 2 万元，也就是一年挣 12 万元。我相信只要我坚持每年多挣两三万元，也许会有那么一天我可以一年挣 100 万元，即使一年挣不了 100 万元，我这辈子也肯定能够挣到 100 万元。”

因此，我们不能看得太远，也不能看得太近，如果只是把目光投向远方的岸堤，就容易忽视近处的旋涡和波涛；如果看得太近进而患得患失，又会偏离自己的终极目的地。一切都可以运用目标及目标的行动来平衡，将期望放置在适宜的高度，不失望、不绝望，始终有信心、有盼头。

那么，具体该怎么做呢？

1. 遵循 SMART 原则

S（Specific，具体的）：期望必须能具体到最小的目标；

M（Measurable，可测量的）：每个目标都要能够衡量；

A（Attainable，可实现的）：目标必须在自己的可实现能力范围内；

R（Relevant，有意义的）：期望必须是真正有意义的；

T（Time-bound，有时限性的）：每个目标都必须要有实现的特定期限。

2. 正确描绘"期望表"

当我们生出一种期望时，既要敢想，也要考虑自己的客观情况，我们可以通过问自己以下问题来做一张"期望表"。

"我想要什么？"——期望；

"我想要的期望，对我来说为什么这么重要？"——价值和意义；

"对我来说，这么重要的事情需要我取得什么成果才表示已经做成了呢？"——最终结果；

"我需要做哪些事情才可以获得这个结果？"——明确目标；

“我要获得这个结果，可以分为几步？”——计划目标；

“如果我的期望失败了，会是由哪些原因造成的？”——风险意识。

凡事“知其然，知其所以然”，始终有着正确、客观的估计和预判。

3. 检视自己

任何目标的确定、规划都要充分考虑自己的“三无”情况：

“无能”——遇到力所不及的事情怎么办？

“无助”——没人、没资源的时候怎么办？

“无资格”——觉得自己不行了怎么办？

将这些情况一一列出来：

确认能够达到的，提高获得的难度；

不能确定能不能达到的，先给一个较低的保底预期，再尽力去争取好的结果；

确实达不到的，不硬撑，坦然承认，把注意力引导到别的地方去，想想如何能够将短板变为长板。

检视的目的在于能够让我们处理不合理的预期，从而去调整自己的期望和目标，并看到自己的进步。

人生是一个不断变化的过程，最初想的和最后做的总有不同，做好才是最主要的。

进步 0.01

积土成山，风雨兴焉。积水成渊，蛟龙生焉。

——《荀子·劝学》

我们知道了盼望很重要，目标也很重要，那么，那些达成目标或人生圆满的人，又是如何做到的呢？时时精进，一直成长！

我曾看过 3 个非常有意思的算式：

1.01 的 365 次方 =37.78343433289；

1 的 365 次方 =1；

0.99 的 365 次方 = 0.02551796445229。

这 3 个算式源于日本某小学的一张海报，目的是让孩子们懂得努力。当被网友转载到国内后，引发了很多人的共鸣。

确实，如果将 365 次方看成一年 365 天，1 代表每天的努力，1.01 表示每天多做 0.01，0.99 代表每天少做 0.01，我们很快就能看到差别，365 天后：

1 即原地踏步，一年后不过还是那个 1；

1.01=1+0.01，即每天进步一点点，一年后可以增长到接近 37.8；

0.99=1−0.01，即每天少做一点点，一年后减少到不到 0.03。

也许，你觉得一年的时间看起来结果相差也不是那么大，那么，10 年后、20 年后呢？而我们人生的黄金奋斗时间又有几个 10 年、20 年？这个结果哪怕是简单地相加，差距都在逐渐变大，更何况，一切都不只是相加这么简单，很多时候我们的进步是一种“量变到质变”的过程。

《管道的故事》这本书中曾讲了这样一个故事：

1801 年，在意大利中部的小山村，有两位年轻人，一个叫柏波罗，一个叫布鲁诺，他们都雄心勃勃，怀揣梦想，期望在某一天通过某种方式可以让自己成为村里最富有的人。

有一天，他们接下了将附近河里的水运到村广场蓄水池的工作。两个人都非常勤劳能干，每天都将桶用水装满，村长按每桶水一分钱付给他们报酬。为此，布鲁诺非常兴奋，他一天可以提 100 桶水，一天就能挣 1 元，一个星期后，他可以买双鞋，一个月后他可以买一头牛，6 个月后可以盖一间房子……但是柏波罗不这么认为，他发誓要想出更好的办法来将水运到村里，然后他想到了挖一条管道。

于是，布鲁诺每天照样辛勤提水，而柏波罗则在提水的时候，分一部分时间来挖管道，尽管他知道要在像岩石般坚硬的土壤中挖出一条管道是多么艰难的事，而且在开始的时候，自己的收入会下降。他也知道，要等上 1~2 年，他的管道才能产生可观的效益。但柏波罗坚信他的梦想会实现，于是他全力以赴地去做了。

一天又一天过去了，布鲁诺买了新衣服，买了毛驴，盖了新房子……而柏波罗只是继续挖着管道，一英寸又一英寸地推进——终于管道完工了，水源源不断地流入村中，带给了柏波罗源源不断的收入，他也因此而出名，人们都称他为奇迹的创造者，政客们赞扬他的眼光，还恳请他竞选市长，而柏波罗也有了更大的愿望，他要教会别人建造管道，让全世界每一个村子都有管道。

所以，如何实现目标？就是今天要比昨天强，可以是多攻克一道难题，多坚持一分钟，多提高一点效率，甚至可以是走路都比以前更精神几分，胆量比以前更大一点……

进步，就那么一点点便足够让你越来越优秀；

勇气，就那么一点点便足够让你从怯懦、自卑中增长起干劲；

灵感，就那么一点点便足够让你于混沌中豁然开朗；

智慧，就那么一点点便足够让你于各种境遇中扬升信心。

也许，今天我们所面临的是一个焦虑、急躁的社会，很多人时常惶惶不可终日，每天不是担心工作没了，便是担心钱亏了；不是担心离婚，便是害怕病了。但是当你能够看到自己的进步，你的心便会是自信的、踏实的、安定的，因为你每天都在改进，每天都在提高。

那么，具体该怎么做呢？那就是“刻意练习”！

“刻意练习”这个概念，是由佛罗里达州立大学心理学家安德斯·艾利克森博士首先提出的。刻意地反复练习，是让自己牢牢掌握技能的重要途径，毕竟天分只是帮助我们能够更快地上手，但想要获得一个好的结果，需要去刻意地练习。进步也可以通过“刻意练习”来获得。

第一步，走出舒适区

想要获得进步，当然先要走出自己的舒适区。事实上，舒适区的核心并不是说我们会放纵安逸、丧失斗志，它真正的核心在于恐惧，恐惧挑战、冒险以及新的环境、技术、思维等。

因此，我们第一步要做的便是让自己走出舒适区。

意识到舒适区之外有什么，可以用画圈的方式，将自己感到舒适的东西写在圈内，将值得做却不敢做的事写在圈外。

弄清楚你要克服和战胜的是什么，列出一个让你不舒服的清单。

学会习惯让你不舒服的东西。先选择一样让你感觉不舒服的东西，去适应它，然后慢慢地一个个习惯，不断扩大自己的舒适区；

在自己试图要找借口时，诚实地面对自己，不要说“我没时间做这件事”，而是坦诚承认“我害怕做这件事”。

不要把自己太当回事，失败或犯错了，要懂得自嘲，懂得宣泄自身的不良情绪。

其实很多看上去很难的事情，并没有想象的那么难，关键在于你有没有去做、去尝试。

第二步，循序渐进地推进

不要想着一下子就能迅速跳出你的舒适区，这样只会让你感到不知所措从而再次逃回自己的舒适区。最好的方式是一次只关注一个改变，当你对这个改变满意后才转向下一个改变。

这里有两个方法：

分解突破，将事情分解成简单的步骤，就像我们上学时做卷子，总是先整体浏览，然后心中对难易程度或自己是否擅长有个大致判断，再有针对性地进行答题；

最小改变，就是考虑你能朝着积极的方向做出的最小的改变，或者一次只提高 0.01。

第三步，时刻记录自己的进步

在本章一开始的故事中，小树如果想长成大树，很简单，“每天多长一片叶子，树枝多长一毫米，下次在暴风雨中弯腰的幅度稍小一点……”其实我们想要达成自己的目标、期望也是这般简单，比如多读一本书，多明白一些道理；与对手多一次较量，认识到自己的不足；和同事多一次头脑风暴，收获更多灵感；多看一则新闻，捕捉当今社会的最新动态；等等。

技能、思维、眼界、交往……如果我们愿意，我们可以随时随地地进步。我们最好能够每日写反思日记，通过反思日记和对照标准，可以更加容易和精确地比较自己一天的行为究竟如何。同时，这也是一个“自我催眠”的反馈过程。

前面我已经说了，语言能够影响我们的潜意识，影响我们的思考和认知，当我们坚持记录时，就是自己的头脑正在接受积极语言的“催眠”，自己的行为会越来越积极，从而让自己变成一个积极行动的人。

《破产姐妹》中有句台词说得好：DNA（脱氧核糖核酸）决定了我们是什么，但不能决定我们将成为什么样的人。我们是什么不会改变，但我们能成为什么样的人则在一直变化着。不管脚步有多慢都不要紧，只要你在走，总会看到进步！

【信心动作】

你的身体知道信心所在

我们的大脑可以思考、心可以感受、嘴巴可以表达、眼睛可以看、耳朵可以听……我们的人生是自己经营的，用心去察觉自己，把相当一部分注意力放在自己身上，体会身体和内在的感受，不要后退，要勇往直前，让身体更多地进入信心的领域，勇敢地去突破、迈进，用自信的灵魂支撑顽强的身躯，用顽强的身躯承载自信的灵魂。

用脑去改进，当我们改变思维方式积极应对时，我们便有机会让事情变得更好。

用心去感受，世间一切的美好，都可以被敏感而美好的心灵捕捉，打开心扉，认真地察觉、体悟。

用嘴去述说，述说美好、述说进步、述说喜悦、述说安慰……始终相信语言的力量。

用眼去领略，大千世界，多的是看不完的风景，看不透的人情冷暖，看一景悟一城，看一事明一理。

用耳去倾听，倾听风声、倾听鸟鸣、倾听苦难、倾听爱意……倾听越多明悟越多。

用行动去坚持，路在脚下，事在手边，一切事情都是做出来的，简单的事情坚持做，坚持的事情专注做。

用成长去自由，人最大的自由不是行动自由，而是成长自由，不负韶华，成为自己想成为的样子，我们的人生便是自由之途。

第四章

知爱——生命之门

春天到了，又是开花的季节。所有的树木都高兴地伸展着枝叶，树枝上吐出一个个花骨朵，除了一棵小树。

我很好奇，问这棵小树："你为什么不开花？"

小树回答："去年，我开花了，好不容易保存下一颗果子，这颗果子产的种子也成功地长出了一株小苗，可是它很快就被风暴摧毁了，我很心疼，也很害怕，所以就不敢开花了。"

"我非常理解你的心情。我第一次开花结果的时候，也是如此，别提多难过多失望了。"说完，我摇晃了一下树身，给它讲了一件往事。

有一年秋天，我结了很多果子，被压得弯腰驼背。有一只小鸟看了讥笑说："你看看你，树枝又细，叶子还少，还弯腰驼背，结出来的果子一定不好。"

我笑了笑，沉默不语。

过了几天，这只鸟又来嘲笑我说："你的树枝也太软了，果子马上就会掉光的。"

我还是笑了笑，没说什么。

秋天来了，果子都成熟了，又大又圆。

那只鸟非常不可思议，问我："为什么你这么柔弱果子却结得这么好？"

我回答："我柔弱是因为把养分都输送给了果子。"

鸟听了摇摇头："这太愚蠢了，你应该像其他树一样将养分都用在长高长密上。"

讲到这里，我问那棵小树："你觉得我愚蠢吗？"

小树诚实地说："我不知道，那你为什么要这么做？"

我没回答，接着问："你知道那批果子是谁吗？"

"是谁？"

"就是你们这批小树。如果我当时放弃开花结果，你想会有今天的你们吗？而我之所以那么做，是因为我爱自己的果子呀，我相信他们一定是最棒的果子。事实也证明了确实如此！你们不仅坚强勇敢，也正是有了你们才有了这片森林。现在我很感恩这一切。"

小树很震惊，久久说不出话来。过了几天，我发现它的枝丫也冒出了花骨朵……

爱的关系和行为

假如我是我，是因为我生来如此，那么我是我，你是你。可是，假如因为你而我是我，因为我而你是你，那么我不是我，你也不是你。

——孟德尔

爱是什么？

有人会说爱是付出，就像故事中大树会将养分都输送给果子；有人会说爱是信任，就像大树相信它的果子会是最好的果子；有人说爱是依赖，就像小树依赖大树的庇护而成长，大树依赖小树而有了一片森林……

这些答案都没错，爱就是奉献、信任、依赖——爱是我们的本能，爱是生命的奇迹！它的重要性不言而喻。

那么又是什么影响我们爱的关系和行为？

相信在这个世界上，没有父母不爱自己的孩子。

有两个小孩，一个考 98 分，一个考 61 分，结果考 98 分的被批评，考 61 分的却被表扬，为什么？因为考 98 分的小孩之前次次都是考 100 分，而考 61 分的小孩还是第一次考及格。

其实从本质上来说，这是做父母的期望在作怪：得高分的孩子，父母对他的分数期望高，要求自然也就高，差 2 分便是考砸了；得低分的孩子父母对他的分数期望没那么高，偶尔的及格，便会是意外的惊喜。

期望度为 100 分，哪怕得到的是 99 分，都会失望；

期望度为 0 分，哪怕得到的是 1 分，都会觉得赚到。

然而又有一种现象，当父母对孩子拥有足够信心时，并不会去计较孩子成绩的一时得失，不管怎么样都会始终鼓励孩子，他们会说："宝贝没关系，爸爸妈妈是相信你的，你是最棒的。"当父母对孩子没有信心时，即便孩子考得再好，都会不抱期望，他们会说："侥幸而已，这辈子我们可不指望他。"

信任程度为 100 分，哪怕孩子做到的是 1 分，都会自豪；

信任程度为 0 分，哪怕孩子做到的是 99 分，都会失望。

所以，信心和期望不是爱的理由，但是会影响我们爱的关系和行为。

另外，我们自身是如何成长起来的？

很多人活在他人的期盼中，在成长的过程中承受着来自父母、老师、朋友、上司等的期盼，似乎只有成为别人期盼的样子，自己才有价值，人生才有意义；很多人不断寻求他人的认可，父母的认可、老师的认可、同事的认可，甚至穿什么衣服、背什么包都需要得到别人的肯定，仿佛没有了认可，就寸步难行。

这些带来的是什么？是一种“取悦本能”，需要做出某种行为来取悦身边的人。比如，会选择不喜欢的专业，会付出无数倍努力去做自己不擅长的事，为了得到认可会隐藏真实的自己，活得虚荣、虚伪、虚假……因为如果不这样就无法得到别人的肯定和喜爱。当这个心态产生时，我们会臣服于所谓的经验、教条、伦理，自我被压抑，于是内心开始内疚、自卑、自我谴责、自我破坏，甚至无法拥有安全感，丧失信心，自我感觉一直被固化在一种负面情绪之中，而这种情况往往是无意识的。

我的一个朋友，是单亲家庭，从小跟着爸爸长大。小时候他家境不好，爸爸一直希望他能成为一个生意人，希望他识字之后能跟着做生意。而我的朋友却喜欢上学，因此心里非常惶恐自己不能读书，心头仿佛时刻压着一块石头。他拼命地读书，希望能够打消爸爸让他辍学的念头。那时，大家对他的印象是自尊心强，学习能力强，都觉得他有远大志向，一定能够出人头地，甚至连他自己都一度这样认为了。直到有一天他的爸爸意外去世。

那时他对我说：“你知道吗，爸爸走的时候，我第一个感觉不是悲伤，而是释然。然后心头前所未有的空荡，脑袋一片迷茫。”他也开始了“放荡”的生活，打游戏、逃课、熬夜……成绩一落千丈。他说：“我既害怕别人对我抱有期望，又渴求别人对我抱有期望。”

很讽刺，后来他退学了，如爸爸所愿那样做起了生意，开了一个小铺子，过着自己不喜欢的生活。如今他有了自己的孩子，他对孩子说得最多的一句话就是："按照你喜欢的样子活着就好！"

父母感觉为孩子牺牲了很多，孩子却没有变成父母想要的样子；恋人为对方做了很多，但是对方却不领情；为朋友付出了很多，朋友却嫌弃你干涉了他的生活……我们每一个人出于本能，真诚而热烈地爱着自己的孩子、父母、朋友，但是往往只剩下抱怨、责怪，多少关系因此而紧张、恶化。

因此，爱一个人，不是简单地爱了就行，而要懂得更好地去尊重对方，正确地期盼。

1. 尊重地爱

"你看理科的专业多好，学文科有什么出息！"

"为什么要去外地，你看 ××× 刚考了公务员，多好！"

"年纪到了肯定要结婚啊，你结婚了我们也就放心了。"

……

我们这一代人最深的感受就是：我们与父母两代人战争的锋芒在于他们以爱的名义让我们做着他们所希望的事。我们从小被要求"做什么"，却没有人想听我们"想做什么"，也没有人想知道我们"为什么想这么做"——爱不是"控制"的理由！

我很赞同一个朋友的观念："人只有互相尊重了才是朋友""我了解你，所以才知道什么话该说，什么话不该说""尊重了，不适合才能慢慢适合，才能找到最恰当的相处模式"……

尊重对方是一个自由的个体，每个人都有能力为自己的人生负担起责任，也有权利为成为自己想成为的人做出努力。

尊重对方的想法、喜好、兴趣、习惯以及对自己人生的选择，没有人能在他人的经验下过好自己的一生。

尊重是信任，是爱的体现，只有相互尊重才能还原爱的真诚。也只有在尊重的基础上，我们才会懂得如何去正确地信任与期盼。

2. 正确地期盼

因为爱，我们会自然而然地生出期盼：期盼他能过得更好，期盼他能少走弯路，期盼他能快速地从错误中醒悟……因此，期盼也是爱的表达，也很有必要。而我们的情感和观念也会不同程度地受到别人下意识的影响，特别是所信任的人、所敬佩和仰慕的人，对我们的影响更深。我们不能否认，他们饱含感情的期盼、特别的诱导，就是慢慢改变一个人的最好方式。

那么，该如何正确地去期盼？

罗振宇曾在《知识就是力量》的一期节目中提到"yes & and"思维，我觉得非常具有启发性：

先用"yes"肯定对方拥有你期待的那一面，这既是尊重，也是对对方的信任。

然后再用“and”的心态去对待对方，也就是说你要像你期待他的样子那样对他，言传身教，“身教”会远比“言传”更有力量。

因此正确的期盼应该是：

不是“我爱你，一切都是为了你好”，而是“我爱你，所以我告诉你为什么要这样做”；

不是“我走过的桥比你吃过的盐还多”，而是“你的想法也许不错，我也曾有过，但是如果这样会不会更好一点”；

不是“你太让我失望了”，而是“你的问题在这里，下次如果这样你可以做得更好”；

不是“你要这样做”，而是“我们一起这样做”。

我们这一生，很大程度上为爱而活，也因爱而累。但信任和期盼会是一种爱的力量，只要我们善加运用，便可以缔结出美好的爱的果实。

共性和差异坦然对待

你是独一无二的，这是最大的赞美。

——莎士比亚

上一节中，我们知道了信任和期盼影响着我们爱的关系和行为，那么在一段关系中，你对自己的定位又是如何的？

曾经有一个人问过我一个很有趣的问题："当你和一个人相处时，你觉得你只是你吗？"当我正在思考这个问题时，他笑着摇了摇头接着说："实际上，当你和一个人相处时，你最少有两个你——真实的你和别人看到的你。"接着他和我讲了他的一段经历。

小时候，因为妈妈对他抱有很大的期望，他为了不让妈妈失望，努力学习，成为很多大人口中"别人家的孩子"。虽然那时的他并不快乐，特别希望自己也能像别的小朋友那样贪玩、任性，但是他怕，他怕妈妈失望，怕大人们不喜欢自己，他只能让自己更加努力。

有一天，班级来了一个转校生，比他更聪明，成绩更好，很快她就取代了他成为“别人家的孩子”。为了凸显自己的“地位”，他取笑别的同学愚钝、可笑，却在大人们面前表现得更加乖巧、自律，也会去故意敌对那个转校生，但实际上，他气愤大人们的“见异思迁”，面对那个转校生时他会莫名地自卑、嫉妒。

上班了之后，他发现身边很多人都比他优秀，他非常恐慌，害怕同事看不起他，总表现出一副高高在上的样子；他生怕上司认为他不堪一用，总是用尽心思地接近、逢迎上司。

他说从小到大，他都很累，一直很累。

听了他的话，我沉默了很久，也想到了现实中的很多现象：为什么我们总喜欢拿自己的孩子、伴侣去和别人比较？为什么看到不如我的人我会生出优越感？为什么我们会嫉妒比我们优秀的朋友？为什么当我们面对地位比我们高或财富比我们多的人时心里会自卑、紧张？骄傲自大、妄自菲薄、谦卑低调、炫耀自满、虚与委蛇、率真随性……为什么在不同的关系中我们会有这么多副面孔？因为很多时候，我们不敢正视自己和别人的差距，因为我们不够自信！

不够自信才会心生不满，眼里只有别人的“好处”；

不够自信才会从不如自己的人身上寻找优越感；

不够自信才会对条件比我们好的人心生自卑；

不够自信才要去伪装自己。

“宏志班”是在党和政府的支持下，依托学校，专门为品学兼优的特困学生提供免收学费、书费，甚至还补助生活费的一种特殊教育形式。

有一次我看到某个学校“宏志班”的新年晚会，他们教室的角落堆满了空的塑料瓶子和饮料罐，这些都是从不喝饮料的孩子们大大方方地从其他地方捡来的，并因此攒出了几百元的班费。孩子们各有各的故事，说出来无不令人潸然泪下，但是家庭的困难不仅没有带走他们的笑容和快乐，相反，在他们身上看不到当今孩子的骄傲轻浮，他们学习书法、练习乐器，用自己的行动展示出坚定的自信。

客观条件、个人能力、性格特征……人与人的差距是客观存在的，但是在人格上每个人都是一样的，都有追求自我价值和幸福的权利，能够认识到人在这个本质层面上的意义，我们便可以自信且坦然地面对一切人和事：

可能会有计较，但不会将其视为得失、功过；

可能会有欲望，但不会将其转化为迫切的渴望；

可能会有抗拒，但不会将其视为万恶的嫌弃；

可能会有苦痛，但不会将其化外为“无奈”的沉沦；

……

1. 从自身开始找原因

每一段糟糕的关系中，大多数情况下都有一个糟糕的自己或糟糕的他人。我们首先要做的是将目光对内，充分而深刻地去审视自己：

在这段关系中我扮演什么样的角色，是期盼者还是被期盼者？

我的言行是否过界了？

我存在什么样的问题？

当我们觉得自己无亏、无愧之时，再去如此审视身边的人。

2. 拥有转化的能力

我们与他人的关系就像是背影和正面的关系（“别人看到的你”和“真实的你”）。很多时候我们只能猜测正面是什么样的，并不知道正面的真相，于是我们经常用猜测，甚至猜忌来代替现实，在交往中已经事先埋好了一颗不信任的种子，加上人性的虚荣、自私、自大……问题便由此而生了：因为你比对方条件好，虚荣让你去炫耀；因为自己能力有限，自私让你将问题归结于他人的无能；因为别人比你优秀，自大让你有了疑虑或心有不甘，对别人冷嘲热讽……这样的一些负面情绪，深深地“伤害”着你与身边人的关系，因此需要“情绪转化艺术”。

当我们陷入负面情绪中时，第一步要做的就是先问问自己“此时的反应对吗”，然后你可以身体放松，进行深呼吸，进一步去内省自己。

如实承认自己的感受和心情，并以一种坦诚的方式告诉对方你的感受和心情，特别是面对自己爱的人更应该如此。

真诚地向对方请教，当你向对方请教的时候，其实就是在坦然地面对你们之间的差距，而不是一味地抱怨、嫉妒对方。

一个真正自信的人，他自身及他所看重的关系从来不会因为差别、分歧有任何的破坏。

3. 拥有平等的观念与自信

尽管境遇、经历、性格、条件会不同，但是每个人都是平等的，都有独立的人格、起码的尊严以及不可替代的自我价值。我们真正的自尊和自信应该建立在这个基础上，即使一贫如洗，也可以坦然地面对一个亿万富翁。作为人，我们在人格上是平等的，不会也不应该在他人面前矮一截，这样的自信和自尊才是真正坚实的内在力量的基础。

有一个心理实验，研究者让两组人分别接触两组词汇，一组词汇中包含“无助”“有皱纹”等暗示衰老的词，另一组则不然。实验结束后，接触衰老词汇的一组走出实验室的速度竟然比另一组要慢许多。他们不知不觉为自己贴了“衰老”的标签。

我们的刻板印象比我们知道的要固执，尽管我们努力不去用种族、信仰和社会地位评判一个人，但我们却常常下意识地为一个人贴标签。有时候我们甚至会下意识地为自己贴标签。

因此，拥有平等的观念，很重要的一条就是不给自己和他人贴标签。比如，不认为自己的孩子“笨”，不说老公“没出息”，不认为自己“没能力”，等等。

我们无法脱离群体而活，人生无法脱离爱而有意义，但是只要我们足够自信，懂得感恩，我们完全有能力让自己和身边的人、事处于一种和谐、喜乐的状态中。

不是回报，而是知足

祸莫大于不知足；咎莫大于欲得。故知足之足，常足矣。

——《道德经·第四十六章》

通过前面两节我们懂得了正确地信任和期盼（不管是对自己还是别人），明悟了人与人的共性与差异，但是任何事都会有一个过程和结果，很多时候它们都很折磨人。

当一个人感到很知足，心不烦，身不疲，无所求，心能安的时候，快乐就在其中；当一个人感到吃得下，玩得动，睡得好，没牵挂，很满足的时候，幸福就在其中。

一个小伙子很喜欢一个女孩子，他觉得她是天底下最美好的存在，于是开始追求她，心甘情愿地为她准备早餐，接送她上下班，对她有求必应……身边的朋友都觉得他有点“没骨气”“㞞”，但他非常享受“伺候”她的过程，觉得爱情就是如此，就是愿意为对方付出一切。

女孩也被他的真诚感动了，答应和他结婚，小伙子非常惊喜。可是结婚后，小伙子很快从惊喜变成了失望，“天使”好像跌落了神坛，变成老婆的女孩在家不修边幅，不怎么会做家务；而女孩开始嫌弃小伙子没有能力让她过上好日子，辜负了她的青春和人生……

故事情节是不是很熟悉？这是存在于我们生活中的非常普遍的现象，很多夫妻都是这般过来的。那么，为什么会这样？很多人往往只会无奈地感慨：“这就是婚姻！这就是现实！”真是如此吗？

有一个词我们所有人都知道，叫作“知足常乐”。也许因为过于常见，以至于我们往往忽略了它的内涵，或认为这些无非都是空泛的心灵鸡汤。

我曾看过这样一个公式：

快乐＝真实－期望

（Happiness=Reality－Expectations）

我们不快乐，是因为在与他人相处的过程中自己的期望值不自觉地在攀升。

没结婚的时候，没房没车没关系，只要有爱情就够了，对方是彼此世界的全部；结婚以后发现房子不够大、车子不够好，就连爱情也有点不甜蜜了，于是开始挑剔，开始不满，开始抱怨、计较和后悔。就像我时常调侃的那样：“结婚前男人喜欢女人‘上得了厅堂'的样子，结婚后男人嫌弃女人'下不得厨房'；结婚前女人喜欢男人'忠厚老实很安全'，结婚后女人嫌弃男人'老实巴交没前途'。"

而刺激着我们期望值攀升的是欲望，我们会想要更多的金钱、名誉、地位、爱、安全感……我们的期望因此不自觉地处于一个动态的扩张过程中，投射在所爱的人身上便是一味地索取回报，便是"要求越来越多"。

而欲望是根本不可能被满足的。当欲望变成"期望"，现实在"期望"的对比之下会永远显得那么"可怜"，我们就永远无法对当下所拥有的感到满足，因为总是盯着"期望"，总是想要更多、获得更多，并不断地想达到更多的"期望"。一个人一旦习惯并毫无察觉这种被欲望驱使的状态，就很难从拥有的人、经历的事之中感到幸福。直到彼此筋疲力尽、无法支撑，将生活终于过成了自己不喜欢的样子。

因此，"知足者，贫贱亦乐；不知足者，富贵亦忧"。

1. 知道一段关系的"舒适点"

如果你想让一杯水变得像蜜一样甜，你会往里加盐吗？当然不会。同样的道理，如果你渴望一段关系能幸福、美好，但又不断地加入与之相反的东西，会美好吗？当然也不会。

很多时候我们喜欢和一个人相处，不是因为对方有钱、有地位；我们会爱一个人，也不是因为对方有钱、有地位，而是真心地感受到与对方在一起的那种愉悦的情感体验。我一直以为这是最为重要的。

因此，爱人、与人相处，最初我们付出情感不是为了回报，而是这段关系给了我们如下体验：

亲密，产生一种亲切的感觉；

依赖，存在一种强烈需要对方的感觉；

信任，愿意相信对方，并将秘密告诉对方；

自由，与对方在一起莫名地放松、随性；

羡慕与尊敬，欣赏对方内在和外在的条件及优点；

自我展露，渴望获得对方的肯定和赞许；

提高自尊，因为有了对方生命更具有意义；

……

因此，处得再久都不能忘了最初的心意和美好感受，这样你们的关系便不容易被欲望所吞噬、扭曲。

2. 始终用好的一面唤醒幸福感

当苏格拉底还是学生的时候，与几个朋友挤在一间只有七八平方米的房子里，但他总是乐呵呵的。有人问：“和那么多人挤在一起，连转个身都困难，有什么可高兴的？”苏格拉底回答：“朋友们在一起，随时都可以交流思想，交流感情，难道不是件值得高兴的事情吗？”

后来朋友都搬走了，只剩苏格拉底，他还是每天乐呵呵的。那人又问：“朋友们都走了，你一个人孤孤单单的还有什么好高兴的？”苏格拉底回答：“我有很多书啊，一本书就是一位老师，和这么多老师在一起，我时时刻刻都可以向他们请教，这怎么不令人高兴呢？”

不管得到与失去都会有好的一面，我们必须学会看到它，并始终将注意力集中在它的身上，才能活得满足、快乐、坦然。

3. 学会感恩

感恩是对爱最好的回应。

知足常乐是一种自信的境界：不假外物，丰盛充盈，心无旁骛，简单喜悦，没有谁是你的“结”与“劫”，一切都是缘分，相遇便值得感恩。

感恩浇灌心灵

圣人不积，既以为人，己愈有，既以与人，己愈多。

——《道德经·第八十一章》

天底下最无私的爱莫过于父母之爱，最长久的陪伴莫过于爱人的陪伴，最肝胆相照的情莫过于朋友之情。可是为什么那么多子女会认为父母的付出是天经地义？那么多爱人觉得对方的付出是理所当然？那么多人觉得朋友为自己两肋插刀就是义不容辞？为什么原本一切美好的关系，最后却演变成了人生的烦恼和负担？

先给大家讲一件真实的事情。

我的邻居是一个女企业家，一直忙于工作。她的孩子 14 岁，不好好学习，总爱看手机玩游戏，天天变着法让她生气。她实在没招了，心想 14 岁的年纪不应该这么不懂事，是不是自己做错了什么。于是她去向家庭教育方面的专家请教。专家从心理学角度分析说这是因为孩子缺爱，之前她忙于工作，陪伴孩子的时间太少，孩子没有感受到爱和温暖，所以逆反心理非常严重，建议她能够多陪陪孩子。她一反省确实是这么个道理，于是把企业卖了，在家一心一意地陪伴孩子。

然而，有一次我遇到她，谈到孩子，她一脸疲惫地说："我没想到自己舍弃事业在家陪孩子，我们的关系不但没有更亲密反而越来越糟，儿子越来越不像话，不仅不听话，更是把我当保姆对待，总觉得我欠了他什么。"

现代社会，一旦孩子出现了问题，我们都会得到一个耳熟能详的"判断"——缺爱。缺爱是事实，但是整个社会一边倒，说是父母不对，于是做父母的自责没有多陪孩子，没有多为孩子创造好的条件，孩子理所当然地认为父母给自己的爱太少，不管父母花了多少心血，都认为不好，只会抱怨。可是，现实中有几个人能像我的邻居那样因为一句"缺爱"就马上放弃事业回家陪孩子？很多时候我们理解但是却做不到，因为我们不能不去工作。如果因此全天下的父母都在自责，全天下的孩子都在抱怨，这是多么恐怖的一件事！

我曾看过这样一句话："父亲给儿子东西的时候，儿子笑了。儿子给父亲东西的时候，父亲哭了。"父亲为什么要哭？为什么就不能像儿子那样也是笑？是因为父亲觉得太感动或觉得太不容易了。可做人懂得回报不是一件很正常的事吗？

我一直认为，想要解决这个问题，在尽可能多陪伴孩子的同时，更是要对孩子进行感恩教育。这个感恩不是说要对父母感恩戴德，而是教给孩子感恩的品质，懂得体谅、珍惜、理解、包容，懂得感谢、感激身边的一切，心中始终阳光明媚。曾经有一个记者问霍金："您不认为命运对您太残酷了吗？"霍金打出了一行字："我有一颗感恩的心。"只有孩子的内心始终阳光，才是解决一切问题的根本。

其实不管对孩子、对朋友、对爱人、对父母、对自己都是如此，一个人在享受被爱之时更要懂得感恩：

没有什么是天经地义的，一个人会对你好，是因为他爱你；

爱不是一味地付出，每个人都有难处，都需要被体谅和珍惜；

爱是一种付出与感恩的互动，越感恩越美好。

今天风光无限的马云，最开始的时候也处处碰壁，肯·莫利（Ken Morley）先生给了他非常多的鼓励和支持，对此马云牢记于心，此前的200澳元以及几十年的友谊，最终发酵，马云为纽卡斯尔大学捐助2000万美元并设立Ma-Morley奖学金，他以这种独特的方式来纪念和感谢自己的朋友。

《学会感恩》一书这样写道："感恩是一种人生哲学，一种快乐的心境，一种具有疗愈作用的生命境界，它对内是无限深刻地去觉察自我的内心，对外是在无限宽广世界中对万事万物的接纳和爱……"书中指出感恩可以让我们拥有三种神奇的力量：

实际的力量，在现实生活中，感恩犹如一块磁石，拥有得越多，吸引力就越强大，越能聚集身边的美好，从而收获更多的美好体验。

爱的力量，感恩的源泉是我们内心对生命、对生活的一份深层的爱，当我们遇到严肃的生命问题时，它便会涌上心头。如果没有持续的感谢和赞美，我们的身心将变得空洞、晦暗、麻木，从而失去一份生命中本该有的灵动和活力。

接纳的力量，心生感恩，便会明白一切都是最美好的安排，有则无，无则有，大苦大难之后会是大自在，可以让我们从容、优雅、淡定、无所畏惧地面对一切，接纳一切。

那么我们要如何去捕获这种感恩的力量呢？

1. 从珍惜每一个人开始

突然遇到一个心仪的人，生活豁然明亮；

初当父母的喜悦和手足无措；

一起走过了10年风雨的好兄弟；

因为一个方案被你重新认识的同事；

……

人生在世，总有些情是没有缘由地来到我们的生活，没有事先预约，没有固定格式，但走在一起就是缘分，一起在走就是情分。只要我们足够有心、足够细心，就可以发现一路走来自己并不孤单，身边的人早已给了自己足够的陪伴、信任、关怀、安慰、惊喜……这些都值得我们去珍惜和感恩。

因此，当你新认识了一个人，当身边的人陪你共同经历了一件事，当你与朋友发生误会，当你与陌生人、同事发生矛盾……你都要在心里说："感谢遇到他，原来他这么有趣""感谢今天的这件事，让我知道原来他是这样想的""感谢他的出现，我不是一个人"……

感恩、珍惜，是我们处理好人际关系的大前提，我们不是拥有全世界才快乐，而是因为感恩才满足。

2. 记录美好的事，善用感恩的语言

你可以每天或每个星期抽出一些时间写下至少 10 条你能想到的，能让你的生活充满快乐、热情和满足感的事物或事情，并真诚地去感恩。比如，感谢今天美味的食物；感谢路上遇到的那朵开在墙角的花，那么的顽强、美好；感谢同事的帮助……这样你就会慢慢地习惯将注意力放在生活中美好、积极的一面上，感受到人生的丰富和喜悦，自身的心胸、心境便会逐渐开朗。

另外《学会感恩》一书也给出了我们可以感恩的七个方向，相信对大家会有很大的启发：

认识并感恩这个世界，不迷不误；

认识并感恩自己的存在，不卑不躁；

认识并感恩信念的力量，相信并且做到；

珍惜并感恩遇见与相伴，善良并且美满；

创造并感恩每一份财富，富有并且丰盈；

直面并感恩每一次挫折，蜕变并且强大；

做更高层次的自己，慈悲并且圆满。

感恩就是付出爱，而当你付出更多的爱，你就会拥有更多的力量。

永活的信心

爱本身就是一块领地。它有自己的绿荫、小道和房屋，甚至有自己的太阳、月亮和星辰。

——欧文·斯通

因为有爱，所以生命得以创造和成长；因为有爱，所以人生得以美好和完整。爱不是靠一个人自我实现的，爱的经历和成长要在与父母家人、朋友同事的相处中得以操练、成熟、完备。

那么，你知道爱有层次、有境界吗?

也许你会说，爱不是牺牲，不是伤害，爱是正确地期盼，爱带来的是喜悦和满足，如果有人觉得爱是牺牲、是负累，那就已经亵渎和误解了爱。这没错，但是这只是小爱，在小爱之上还有着大爱。大爱就是不仅给自己、给自己所爱之人，也是给身边的人和其他生命、其他事物永远的温暖、和睦、美善。

有大爱的人眼中看到的是整个世界，会站在更高的层次谋求人生的意义并付诸行动，其爱甚至表现在对所有生命乃至整个大自然，有如此心胸、心性，人生又何来失望、失意，就像我们经常说的“见过了世界，你还会在乎眼前的风景吗”？

吉米·卡特，美国第39任总统，他的总统生涯被许多人喻为“流星”，只担任了一届总统，其位置就被里根接替，离开白宫时也给人留下“失败者”的印象。

那么，他在担任总统期间真的那么失败吗？不，在他担任总统期间，重要的外交成就包括签订《巴拿马运河条约》《戴维营协议》《埃及—以色列和平条约》，与苏联签订双边限制战略武器条约，中美两国正式建立外交关系等，并积极在世界各地倡导人权。他的心中装的不仅是美国，而是整个世界。一个心怀世界的人，才不会对自我得失斤斤计较，心有大爱的人，才足以遣有涯之生坚定前行。吉米·卡特卸任后人生并未黯淡，反而更为耀眼。

离开总统的位置后，吉米·卡特在1982年开办了非营利机构“卡特中心”，致力于改善65个发展中国家人民的生活问题，为促进解决国际冲突，推动民主做了很多事情，这也为他赢得了很高的声望。“卡特中心”还与比尔及梅琳达·盖茨基金会合作，他们曾前往非洲、亚洲最穷困的地区，帮助当地民众消灭几内亚线虫，治疗河盲症、象皮肿等热带疾病，其中消除几内亚线虫项目在1986年启动，当时全球范围有300多万人感染，到现在仅剩数百例。卡特笑言：希望能活着看到这个疾病消失。

国际仁人家园（Habitat for Humanity）是卡特参与的众多慈善项目中的一个。这个慈善组织在世界各地为流离失所的穷人免费修建房子，建房材料来自慈善捐助，建设者是来自世界各地的义工。他每年都会在世界各地的工地上，穿上蓝色牛仔裤，背着工具包，身体力行地做志愿者。30 多年来，卡特风雨无阻，坚守在建筑义工的岗位上。90 多岁的卡特本可颐养天年，却依然坚持服务全人类，为推动人类的进步而步履不停。

今天，我们敬重吉米·卡特不是因为他曾是美国总统，而是他的胸怀以及长达 30 多年虔诚的坚持；我们学习他，也是学习他的大爱，借由这种爱的境界，看淡人生起伏，始终带给身边人温暖、美善和正能量。

人活在这个世上，就要经历一切要经历的，承担一切能承担的，找到与这个世界和平相处的方式，与命运握手，与时间和解，我自以为最好的方式便是爱：

从功利角度，一个人想要有一番作为，便需要一份境界，一份能令自己令他人信服的大境界，而这除了要有一定的能力外，还需要心中有大爱。

从人生角度，小爱立足自身，但往往也因爱恨情仇无法自拔；大爱立足世间，无私奉献，服务人类。

从生命角度，生命之间的差异关键在于拥有的爱的含量，爱的含量越高，生命层次越高；爱的含量越低，生命层次越低。

因此想要收获丰盈的人生，圆满的生命，我们要了解自己所具有的爱在哪个层次、哪个阶段。

1. 爱人为己

你帮助别人、爱别人，若是出于为自己好，给自己预留了“后路”（利益），则这是一种利己的爱，比如我们不自觉地想要和能力、地位出众的人成为朋友，渴望他们能成为我们的“贵人”。

但是不要因此而否定或贬低这种爱。不管是出于人性还是人类社会发展规律，我们的道德准则就是建立在这种投资、互助型的爱的基础上，甚至动物界也是运用这个法则。大多数人是以此作为自己的社会法则，它是世人的需求，也是世人最基础的爱的方式。比如父母之爱，父爱、母爱对我们来说非常神圣，但是养儿也为防老。再如夫妻之爱，我爱你，希望你也爱我；我对你好，希望你也对我好；我挣钱，你管家……互助互利，这是共享型社会必不可少的、最基础的爱的架构，只具备这种“爱人为己”的爱是远远不够的。

2. 爱人如己

“爱人如己”就是像爱自己一般地爱着他人。这是爱的第二层次，由“利己”开始变成“利他”。

到了这个层次，你所采取的是主动的爱，你希望家庭是什么样的，你希望夫妻关系是什么样的，你希望社会是什么样的，你会主动去思考、去关心、去付出，而其所带来的人生感悟和能量早已超越“爱人为己”，毕竟没有什么比将心比心更加令人舒适感动，没有什么比真心实意地付出更加让人满足快乐，我们有功利心，但是人类毕竟不是低等动物，更需要精神的慰藉和愉悦。

当你明白爱人如己，如果你害怕被人忽略、被人冷漠，就应该主动拿起电话打给那些需要关心的人，慢慢地你就会发现自己开始变得开朗，你也会成为一个受欢迎的人，也无须再躲在角落里整天埋怨、指责他人不来爱你，不关心你了。

3. 爱人无己

“爱人无己”就是前文所说的大爱，大爱无疆，爱自己、爱身边的人、爱世界的一切，不求回报，不做交换，于大胸怀、大格局中生出慈悲心、怜悯心的融于世间万物的奉献之爱，也就是将自己变成爱。在这无己之爱中，不是因获得爱而得到满足，而是因施与爱而得到喜悦，它已上升到“道”的层面。

一般人都有前面两个层次的爱，但是很少有人能够达到“爱人无己”的层次，因为这需要无比强大的信心、信念做支撑，就像卡特用自己的谦卑、怜爱和悄然无声的力量写下了生命中的第11本书《永活的信心》所写的那样：“信心是强大的属灵力量，是无与伦比的能力，是挪去我们心头重担的答案，保护我们免受人生的危难和迫害；我们需要不断更新、增长自己的信心，因着信心，我们将不再恐惧、怀疑，充满盼望。”但是一旦我们达到这个层次的爱，我们也就具备了“永活的信心”。

【信心链接】

做善良、诚实且坚定的人

弗洛姆在《爱的艺术》中写道:“爱是信心的行为，谁没有信心，谁便没有爱。”信心在爱之前，有什么样的信心，便会有什么样的爱。

而爱又是什么样的?

爱是自己的事，是可控的，是由自己决定的；爱是忍耐，有恩慈，可以接受、包容不同和缺点，没有嫉妒、没有自卑，是始终如一的相信并怀有正确的期盼；爱是付出，做便做了，爱便爱了，不计较，不求回报。只要我们始终清醒，始终包容，始终相信，始终豁达，爱便不会停止，会一直温暖、照耀着我们的人生。

因此要做一个善良、诚实且坚定的人，更好地去爱、去感受。

具体该怎么做呢?

第一步，列“爱的清单”

诚实地写下至少 10 个你能想到的，让你生活充满快乐、热情和满足感的人：

________的存在，让我感到________。

________的存在，让我感到________。

________的存在，让我感到________。

________的存在，让我感到________。

________的存在，让我感到________。

________的存在，让我感到________。

________的存在，让我感到________。

________的存在，让我感到________。

________的存在，让我感到________。

________的存在，让我感到________。

比如：爸爸/妈妈的存在，让我感到安全；朋友××的存在，让我感到他的世界很有意思，像打开了一扇截然不同的门。

第二步，列“不爱清单”

与第一步一样，诚实地写下至少5个让你感到厌烦、痛苦或难过的人：

________的存在，让我感到________。

________的存在，让我感到________。

________的存在，让我感到________。

________的存在，让我感到________。

________________的存在，让我感到________________。

第三步，比对，发现问题

将“爱的清单”与“不爱清单”进行对比，然后问一问自己：

这些不爱的人身上是否与爱的人身上有着相同的品质？

自己为什么不爱他们，是嫉妒、埋怨、看不起还是其他？

你对这些不爱的人真的善良、诚实、宽容吗？

不爱的人又是如何评价你的？

你因此有什么启发？哪里可以做出改变？

第五章

行道——人生跃迁

小树们慢慢长大了，开始有鸟儿来筑巢、松鼠来搭窝、蚂蚁来落户……整片树林日益热闹起来。

有一天，一棵小树听一只鸟儿讲述了外面的世界，便抱怨说："我们为什么要长在荒野，这真是糟糕的地方。有只鸟儿告诉我有些树是长在山顶上的，俯瞰一切，高高挺立，那多威风！"

我听了问："难道长在荒野就不是树了？"

"是树，但是和山顶上的那些树比起来，总感觉差了一点儿。"

"差在哪里？"

"山顶上的树可以俯瞰一切！"

"可是对这世间的一切，我们不知道吗？我们借助鸟儿，看到外面的世界；我们借助蚂蚁，看到地下的世界；我们借助松鼠，看到自己内在的世界……世间的风景不在山上，而是在我们的心里。"

"那些鸟儿、蚂蚁、松鼠好烦，吵吵闹闹的，有的时候我们还要保护它们……"小树嘀咕着。

我摇了摇头："它们就是森林的一部分，也正是有了它们，森林才能称为森林。眼里是森林所思所想便是整片森林的事，眼里只有自己所思所想便是自己的方寸之地，你是想看到整片森林，还是只看到自己？”

听了我的话，小树羞愧地说：“我懂了。”

我笑了，伸出枝丫轻轻摸了摸这棵小树说：“不管长在哪里，世间最美的都是鸟语花香、阳光明媚。我们要成为森林的意义正在于此。”

美、财富与地位

知识欲的目的是真，道德欲的目的是善，美欲的目的是美。真善美，即人间理想。

——黑田鹏信

有人说社会就像金字塔，大部分人都是塔基。于是大部分人都像故事中的小树那样对于山顶（塔尖）的风景充满羡慕和向往，种种欲望驱使着人们努力向上爬。

可是你知道向上的真正意义吗？塔尖风景真正的魅力是什么呢？

我认识一位企业家，二十几岁的时候，意识到自己的贫穷，特别羡慕那些有钱人，于是他拼了命地挣钱；三十几岁的时候，有了点儿钱，又觉得自己太普通，开始羡慕有钱有名又有派头的人，于是花尽心思打扮自己，经营自己的社会地位；四十几岁的时候，终于成功跻身所谓的“名人圈”，却开始“返璞归真”，穿普通的衣服，过平凡的日子，对谁都笑呵呵的。

他说：“到了今天我才明白努力的真正意义，不是钱，不是名，不是外表，而是顶端的风景。而顶端风景的魅力不是让我锦衣玉食、名利双收，而是让我认识到一个人真正的魅力在于自信、眼界和格局。”

当时听到他的话，我马上想到了美国社会评论家保罗·福塞尔在《格调》中写的一段话：

底层的人们乐于相信，等级是由一个人拥有的财富多少来作为标准的。生活在中层的人们承认金钱与等级差别有关，但一个人所受的教育和从事的工作类型同样重要。接近上层的人们认为品位、价值观、生活格调和行为方式是判断等级身份不可或缺的标准，而对金钱、职业或受教育程度则未加考虑。

很有意思不是吗？曾经以为重要的，到了最后反而是最不重要的。同时，很多人也都发现了这样一个有趣的规律：那些成功的人，往往特别谦虚，更愿意与别人进行善意、自信的互动，心情更加平和、开朗，更加焕发出生命的内在活力，从而在别人的心目中变得更美，形成了一个良性循环。

那么，为什么会这样？

我从来不否认美、财富与地位对我们人生的重要性，这是人性的正常欲望，是生活的客观需要，是生活品质的提升。但其背后真正提升的是一个人的阅历和人生智慧。

马世民出生于英国，19 岁加入法国外籍军团，退役后进入怡和洋行工作，从此有了地道的中文名。他在几十家跨国企业担任过董事和顾问等重要职务，曾是李嘉诚的左膀右臂，李泽楷的导师，被任正非视为“永远的老师”。

然而，他真正的魅力不仅在于他的商业才华，更是在于他活出了所有人羡慕的样子。

1999 年，59 岁的他参加了世界上最严酷的越野赛跑——撒哈拉沙漠马拉松大赛，7 天时间内不可思议地跑完全程 254 千米；64 岁的他从南极洲海岸的大力湾出发，在无补给条件下，58 天徒步行走 1095 千米，成为徒步南极最年长吉尼斯世界纪录的保持者。2011 年，为了在索马里海域开展护航，打击海盗，71 岁的他组建起世界第一支私人海军……

他说：“人一生下来就是在磨砺自己，无论贫穷还是富有，人都需要走出原先上天设定的盒子。在这个过程中，我们要学会认识财富的作用，正确对待人生的极限和困苦，不要想做，而是去做，不要走别人走过的路，你应该给别人留下足迹。”

因此，不是身在塔尖而优越，而是因为见到了不一样的世界而骄傲。

1. 美、财富与地位只是增加信心的筹码

我们不能否认，让自己变得美一些会增加自信；收入高一些、生活从容些会自信很多；有人喜欢自己、尊重自己会自信很多……

然而，任何事情都有两面性，这些会滋养你的人生，也会是你人生的“苦因”，一旦你的认知扭曲了，便会在这些方面受苦：要么一味地钻营、计较、竞争、攀比、虚荣，要么生活在一种恐惧、嫉妒、不安、仇富心理当中。

因此我们的心里始终要有一把“定心尺”，懂得去更好地权衡和努力。我们可以通过以下测试来审视自己：

第一步，认真思考写下10个你想得到的、羡慕的或能让你更加自信的重要事物，如成为明星、有大房子……写完后晾它一会儿，过几个小时或第二天再进行第二步；

第二步，逐条对比，删掉其中5条，筛选出最重要的5条；

第三步，进行评分，将剩下的5个进行评分（满分10分），评分低的往往是你最缺少的，评分高的往往是你目前最富有的，此时，你可以根据自身的情况选择弥补不足或发挥长处。

真正的追求一定是发自内心地觉得喜欢、喜悦，否则任何的行动都是浮于表面的，没有生命力的。而在追求的过程中则要懂得知足常乐，始终自信且对生活充满信心。

2. 真正的登顶是境界的升华

努力会有更多的资源、更高的名望、更大的空间，但是真正的意义在于站得更高能看得更远，而看得更远，却不在于你的位置，而是在于你的知识、经历、阅历、格局。就像本章一开始的故事中，小树没有长在山顶，但依旧看到了全世界。同样的道理，我们可能无法全部得到自己所渴望的美、财富和地位，但是并不妨碍我们看到全世界。

很多时候我们的人生之路犹如西游记一般，要经历九九八十一难，经过一关得到一个通关文牒，便相当于得到了“验证”，如此努力、坚持、突破，周而复始，不断成长，我们的境界、心灵、智慧便会不断地提升，生命也会不断地柳暗花明，展开新天地。

文化的力量

文化不能从上向下压，因为它应该是从下面高涨起来的。

——里德

读了上一节的内容，很多人心里可能会嘀咕：我只是一个普通人，不美、没钱，也没地位，如何去追求山顶塔尖的风景？

相信很多人都看过下面的故事：

拿破仑的祖父曾经是一个马车制造商。祖父在 20 年前就种了一片橡树，他发现祖父总会挑选生长得很稀疏的橡树砍下来做轮毂。拿破仑很不解，问祖父："那里有一大片橡树林，为什么不砍它们？"祖父回答："森林里的橡树看着大，但是不够结实，因为森林中的橡树密密麻麻地长在一起，互相抱团遮挡风雨，所以抵抗风雨、严寒酷暑的能力都不如长在地里稀稀疏疏的橡树。这些橡树都是靠自身的力量才长成这样的参天大树，这种树的木材质地非常坚硬，更适合做轮毂。"

也许从表面上看，我们像那稀疏的橡树，没有人可以抱团，没有人为我们遮风挡雨，多大的风雨、多大的事情都是自己来扛，一切都只能靠自身的努力和实力。其实根本不是这样的，我们依旧是生长在橡树林里的橡树。

人类的发展早已为我们缔造好了“生长的森林”，我们是在人类文明的余荫及发展进程中的幸存者，文化的基因早已被烙进人性之中。就像马克·吐温说的那样：“我的一生之中充满了可怕的灾难，而其中大部分从未发生过。”这就足够带给我们能够坚定、乐观地存在与生活的自信。

如果将你的成长轨迹与人类发展历程进行一一比对，你会发现有着惊人的相似：

成长轨迹	人类发展历程
成为受精卵的那一刻，你的存在是竞争的结果。	早期人类成员众多，但是历经大自然的优胜劣汰最终留存的是现代人类共同的祖先——智人。
出生前，你依仗着父母的基因发育生长，逐渐成人。	人类祖先把有利于人类进化的一次次突变基因保留并传递下来，一代又一代，人类逐渐脱离低等动物界。

续表

成长轨迹	人类发展历程
幼年期，你脆弱而懵懂，你的大脑开始工作，接受着来自这个世界的语言和思维。	产生了人类史上的第一个认知革命，人类有了想象、思考，“就算是大批互不相识的人，只要同样相信某件事情，就能共同合作”。
儿童期，你模仿大人的一切，依赖大人的知识和经验，有限地探索身边的世界。	人类正式走入文明，改造自然，改变自己的生存环境，但由于缺乏强大的物质和精神手段，对自然界的开发和支配能力极其有限。
少年期，你系统性学习，有自己的思维、意识，并有自己的理想、崇拜的人乃至信仰。	文字的极大发展，文明的演进，更多的经验、知识和故事得以记载，人类越来越容易从前人那里吸取经验和教训，极大推动了人类社会的进步。
青年期，走向社会，你开始运用自身知识的积累创造价值，你的人生出现根本性转折。	人类完成早期漫长的原始和农业社会积累，进入全新时代——工业社会，人类生产力出现质的飞跃。
壮年期，知识、社会经验的积累，让你有着无与伦比的阅历和创造力，这是你人生的黄金阶段。	在人类文明的基础上，人类步入知识经济时代，生产要素、生产方式再一次发生改变。

续表

成长轨迹	人类发展历程
老年期，你有丰富的经历和阅历，开始反思自己的人生，并日益关注自己的健康。	人类社会发展到高级文明阶段，并开始总结和反思自身发展及与大自然的关系，关心人类未来。

从中你看出了什么？

不管是我们自己的成长还是整个人类文明的发展历程，都是一种知识、经验的积累和进步。当人类脱离动物界的那一刻，当人类摆脱丛林法则站上食物链顶端的那一刻，当人类开始流传英雄故事、赞颂伟大先人的那一刻……人类的文化就是这样逐一进化和演化的。而对于我们个体来说，从我们出生的那一刻就通过父母、老师、朋友等身边的人，继承和拥有这种文化。因此我们应当从人类文明中、从自身成长过程中汲取足够的文化能量，看到最美、最舒心的风景。

1. 利用人类的文明成果，扬升自己的格局

我们在成长的过程中，学习知识，崇拜英雄，信仰真理，学习的是什么？崇拜的是什么？信仰的是什么？学习的是人类的文明和智慧，崇拜的是人类大无畏的开拓精神，信仰的是人类无与伦比的信心及自身的价值。而人类文化早已揭示了什么才是真正的美、财富和地位：

真正的美，是我们自己内心的纯净无垢，是放眼整个世界、整个宇宙的从容、淡然；

真正的财富，是外化的物质世界与内在的精神世界的高度联结和统一，不迷不躁；

真正的地位，是因你的品德、能力、智慧，所获得的认可、尊重及推崇。

我们要通过学习、经历、阅历，努力让自己拥有真正的美、财富和地位：

学习，学习圣贤智慧，学习领袖品质，学习世间真理……没有什么比学习更能拓展我们的视野和格局；

经历，尽可能地去经历，不管好的、坏的都可以成为我们人生顿悟、升华的养料；

阅历，通过自身的思考感悟、学习启示，对经历的一切进行进化、净化，内化成自己的涵养、品格、境界。

这个过程会是我们对于整个人类及父母朋友——所有关心我们的人所给予的“文明遗产”的继承和发展，既是我们的权利也是义务，使我们可以用心的力量改变自身的生活和身边的世界。

2. 利用传统文化智慧和意境，升华生活格调

中华民族五千年的灿烂文化不仅支撑起我们的文化自信，而且滋养我们的文化内涵。

我有一个朋友虽不富裕，但是很喜欢喝茶。很多人非常不理解，问他：“你买那么多茶具、茶叶干什么？”他笑着说：“买一套不算贵的茶具，是为了布置一个让我满心欢喜的茶席。1 泡茶 7 克，可以冲泡 20 次，每泡 20 分钟，1 斤茶可以喝 70 次，也就是 460 个小时，在这 460 个小时中，我通过茶享受到的是来自大自然的清新及自己愉悦、自在的状态。”

茶文化、香文化、插花艺术……中国优秀的传统文化早已为我们铺就了生活之美、境界之雅，可以让我们放松身心，和自己对话，安住当下，静心、舒心地感受“一花一世界，一叶一婆娑”的智慧和意境。

因此我们可以借助优秀的传统文化，通过仪式感来“净化”自己的生活，建立一个有效的“通道”，将外界物质与我们心中所理解的世界结合起来，感受自己的力量、内涵，调味枯燥无聊的生活，熬过艰难颓唐的苦难，触摸到更高的境界和更深的智慧。

生命如此美好，这一生，我们都需要有所触动；这一生，我们都需要被丰富；这一生，我们也都需要去触动、丰富我们所爱的人及所爱的世界。

用心的力量改变

你未看此花时，此花与汝心同归于寂；你来看此花时，则此花颜色一时明白起来，便知此花不在你的心外。

——王阳明

当你的眼界拓展，境界提升，就会像大树说的那样“眼里是森林，所思所想便是整片森林的事”。而当你“所思所想是整片森林”时，你的生命便会出现“质变”。

马尔瓦·柯林斯本是一个很普通的女孩，大学毕业后离开家乡在芝加哥找了一份稳定的工作——在一所公立学校当老师。而在她近 14 年的教师生涯中，她所看到的是种族隔离带来的教育资源的匮乏及分配的极度不公平，很多公立学校里毒品和犯罪横行。比这个更严重的是，一大群孩子在这里看不到希望，他们被认为是废掉的，无可救药的。

面对这样的情况，很多人可能会无奈地感慨：我只是一个老师，能干什么？会干什么？然而，柯林斯做出了一个出乎所有人意料的事情——创办自己的学校，让那些看不到希望的孩子们既能公平地享受受教育的权利，也能拥有充满希望的人生。

学校刚开始仅有几个学生，但是柯林斯明确地表示，她的教室欢迎任何在公立学校教育中失败的孩子，特别是那些被诊断为患有不可避免的学习障碍的孩子。她始终坚信“相信的力量”，用“我相信你”“你可以做得更好”“你能成功”这些话语来不断地激励学生。在一年又一年的重复中，她的话语给予了孩子们在黑暗中前行的动力，渐渐地那些原本被认为没希望、已经废掉的孩子们，慢慢地开始能够阅读莎士比亚的著作，慢慢地有了自信。在此期间她的理念也曾不被认可，有人嫉妒并恶语中伤她，而她数十年生活贫困，因为很多学生都缴不起学费。这一切直到几十年后，她的行为被全美国关注，她才被认可、关注和资助，甚至被两任总统邀请入职教育部，但她都拒绝了。

如今柯林斯的教育方法已经改变了成千上万名学生的人生。她凭借自己的力量，促进了美国弱势群体的教育发展，被公认为全球传奇女性和 20 世纪最具影响力的教师和教育活动家之一。

任何一个杰出、成功的人士，一开始都是普通人：和很多人一样，有相似的成长环境，明白差不多的道理，看到一样的社会现象；和很多人一样，条件有限、力量有限；和很多人一样，会无奈地挣扎于柴米油盐之中，遭受生活上形形色色的碰撞，家庭摩擦、工作碰壁、感情遗憾、功利诱惑……那么，他们与一般人的区别在哪里？

一般人不相信，不相信自己拥有改变的力量；

一般人不懂得，不懂得只要信任、关爱、真诚、无私……就可以去感染他人、改变他人及身边的世界；

不相信、不懂得，便会不敢做，给自己设置种种门槛或寻找各种理由，从而禁锢自己的身心，也禁锢自己人生的绽放。

富兰克林·罗斯福也许比一般人幸运，他出身于贵族家庭，父母有权有势，但是真正的幸运是他的父母有智慧地抚养他长大，并且灌输给他一个信念：占有优势的人必须承担更大的责任，帮助那些不幸的人。他也很争气，考上名牌大学，参加各种活动，逐渐成为一名有影响力的公众人物。

然而，命运和他开了一个玩笑，39 岁的他正处于人生巅峰时，在一次度假中遭遇了一场林火，为了躲避大火他跳进冰冷的海水里，患上了脊髓灰质炎，又称小儿麻痹症。在高烧、疼痛、麻木中，罗斯福不仅面临着身体上的折磨，更是面临着终身残疾的无奈和阴影，很多人认为他的事业已经走到了尽头。但是罗斯福没有放弃信念，他下定决心，鼓起勇气，振作精神，锻炼双手的能力，学习使用拐杖走路，并且大量学习、阅读……8 年后，他成了美国纽约州州长，11 年后他不顾身边人的劝阻，没有选择退休安享余生，而是义无反顾地宣誓成为美国第 32 任总统。

而第 32 任总统大概是美国历史上当得最艰难的总统之一了，

美国正处于经济大萧条谷底，4 个男人中就有 1 人失业，很多人买不起食物，付不起房租、房贷，看不到未来，全国经济因恐惧而瘫痪。但是罗斯福一跛一拐地走到麦克风前，发表了 20 世纪最吸引人的就职演说：我们唯一必须恐惧的就是恐惧本身。他担任总统期间推行新政，以提供失业救济与复苏经济，并成立众多机构来改革经济和银行体系，从经济危机的深渊中挽救了美国。

在这个世界上，没有任何力量能如心的力量那般具有感染力。就像柯林斯的成功，在于她用自己的善意、信任感化了孩子们，她用自己的坚持和付出唤起了全社会的感动和认可；就像罗斯福依凭信念而行，从克服恐惧本身出发，去相信，去行动，用刚强、仁爱之心去承担更多的使命，激励自己，激励他人。

其实，不管是西方的“皮格马利翁效应”，还是中国的“心学”，抑或我们现实中感受到的善意、温情，当你饱含信任的期待，当你用心地付出时，就是慢慢改变一切的最好方式。

1. 心是一切的起点，以心明志

一个鬼脸就可能让哭哭啼啼的孩子笑逐颜开，一句赞美的话语就可能让人勇气倍增，陌生人的一个微笑就可能令人感动……我们不仅可以用心去感悟生活的点滴美好，更可以用心的力量传达这份美好。

而历史上、现实中，很多了不起的人物立足和解决的往往也是这个世界普遍存在的问题，如慈善家关注、帮助弱势群体，环保人士关爱地球，企业家实业强国……现实中也有许多普普通通的人加入不同的行列，贡献自己一分力所能及的力量。

因此哪怕我们再卑微、再普通也可以问一问自己：

我的使命和天赋是什么？

我可以为这个社会解决什么问题？做哪些善事？

我要如何做，并始终坚持？

我最终能改变什么？

不管怎么样，人活一世总会有一些事情值得我们付出终身的努力。而确定了这些事情，便是在心里立了志，便会如王阳明说的那样“持志如心痛，一心在痛上，安有工夫说闲语，管闲事”。我们也会因此而活得更加通透、有意义。

2. 此心不动，随机而动

了解王阳明“心学”的人都知道其核心思想之一是“此心不动，随机而动”。这句话怎么理解？

现实中很多时候我们是非常容易“心动”的，哪怕是我们在认定的事情上，都很容易受外在事物影响，一个念头接着一个。此时很多人要么跟着念头走，要么被它绑架，要么是对不好的、不认可的念头自责和压制，导致情绪激动、慌乱、惧怕，思绪波动，方寸大乱，对心智产生干扰，最后结果一团糟。因此我们要懂得先让自己“此心不动”：

当下我的心是坚定的、明净的，不受一丝一毫杂念的影响，不会因事物产生波动。

“随机而动”则很好理解，就是借机行事、伺机而发：

外在事物不会扰乱内心，但是我会感知到，也会洞察到其中的一切，并作出正确的应对措施。

“此心不动”好似自身修行，“随机而动”是行动，它们最终的结果是做到“知行合一”：安于心，始终坚定地行进在自身选定的道路上，不负今生，不枉岁月。

不管怎样，当你对自我价值的研究、认知跳出日常生活的局限，从初心、社会、全人类上入手，对自我以及信念系统乃至对世界的贡献，将会随着体验的丰富，所能感悟到的生命价值及能量也将越来越丰富——每一个人都可以让自己活得不平凡！

神圣的“和平”

天长地久，天地所以能长且久者，以其不自生，故能长生。

——《道德经·第七章》

当你用心去改变时，你必然会遇到冰冷、残酷的现实。人性的丑恶、贪婪、自私，社会的残酷、冷漠、麻木等会如钝刀割肉般地切割你的心灵。

理查德·欧贝瑞曾是一名海豚训练师，曾参与拍摄节目《飞宝》。但是一头海豚的自杀让他的心灵受到了强烈的震撼，他知道了囚禁的生活是不属于海豚的，从此他致力于拯救海豚的活动。他开始放生海豚，不顾当地政府和村民的百般阻挠，带领摄影团队想方设法潜入太地町海豚屠杀现场，只为将罪行公之于众……可是周边的人不理解，他被举报、被指控、被抓捕，进看所守就像进家门一样。讽刺的是，当年，全球只有 3 家海洋馆，而现在，这已经变为价值数十亿美元的产业。

2009 年，纪录片《海豚湾》上映，片中记录了太地町对海豚可怕的血腥屠杀场面，引起了全世界人民的愤怒。然而 10 年过去了，太地町对海豚的屠杀结束了吗？并没有，因为利益还在！

如果你是理查德 · 欧贝瑞，面对举报、抓捕，你还会坚持参与拯救海豚的行动吗？面对依旧存在的屠杀行为和产业，你还能对自己的期盼、行动抱有信心吗？

我曾在网上看到过一组对比照片：同一片天空上，左边是正在投下炸弹的战斗机，右边是展翅高飞的鸟；左边是一个女孩在公园里玩着跷跷板，右边是一个男孩在一座被毁坏的城市中坐在倒塌的管道上；下图是一个小孩正在吹泡泡，与之连接的上图却是炸弹爆炸时升腾起的烟雾……

我们的世界与我们的生活、人性一样，是具有两面性的，有美好、善良、感动……但也有暴力、毁灭、伤害……千百年来人类世界从未尽善尽美，即便是看似和平的今天，亦是如此：2001 年“9 · 11”事件；2008 年巴以冲突；2020 年新型冠状病毒肺炎、蝗灾、火山爆发……

然而，越是痛的领悟，越是要爱得真切。

特蕾莎生于欧洲，却来到了印度，置身于贫穷、苦难之中，把一切都献给了穷人、病人、孤儿、无家可归者和垂死临终者，直到 87 岁去世，从来不为自己。人们这样评价她：“特蕾莎修女，没有高深的哲理，只用诚恳、服务而有行动的爱，来医治人类最严重的病源：自私、贪婪、享受、冷漠、残暴、剥削等恶行；也为通往社会正义和世界和平，开辟了一条新的道路。”

难，方显可贵！有人说“当今社会，我们在身体、生命安全上基本不存在问题，但是我们莫名地没有安全感”。有人说“只要人性之恶还存在，就永远不会有真正的和平”……但任何的美好也都是人类自身在善与恶、爱与恨、战争与和平、幸福与责任、自由与安全的纠葛中，抽丝剥茧、艰难前行。人类共同的心愿是“和平”，人与人的和平，人与万物的和谐。人类共同期盼的世界是基于这种“和平”所带来的生命美、生活美。

1. 生命美

面对自然灾害，我们会畏惧、恐慌、失措，这是生命之美，美在它的珍贵和脆弱；我们生活、工作、学习平平淡淡，然而也经历生老病死、爱恨离别，这是生命之美，美在它的平凡和无常；面对困难，我们或奋起反抗或沮丧妥协，这也是生命之美，美在它的坚强和无奈……

任何生命，哪怕再弱小都是一场奇迹，演绎着平凡而又悲壮的故事，都需要被尊重、珍惜、爱护。

2. 生活美

当今社会的现代化、竞争性、多变性与战争、动乱、灾难等一起让我们感到不安、焦虑，但我们依然可以看到“一方有难八方支援”的感人场面，依然会被“和平卫士”“公益人士”的善举和坚持感动，依然会因做了一件微不足道的好事而踏实喜悦，依然感受到大自然一朵花、一片叶带来的清新和美丽……

我们可以用自己的学习、探索、反思、努力，做到心物相融、人我无争、万物合一，而这就是生活之大美。

最后，以特蕾莎的人生信条与大家共勉：

人们经常是不讲道理的、没有逻辑的和以自我为中心的，

不管怎样，你要原谅他们；

即使你是友善的，人们可能还是会说你自私和动机不良，

不管怎样，你还是要友善；

当你功成名就，你会有一些虚假的朋友和一些真实的敌人，

不管怎样，你还是要取得成功；

即使你是诚实的和率直的，人们可能还是会欺骗你，

不管怎样，你还是要诚实和率直；

你多年来营造的东西，有人在一夜之间把它摧毁，

不管怎样，你还是要去营造；

如果你找到了平静和幸福，他们可能会嫉妒你，

不管怎样，你还是要快乐；

你今天做的善事，人们往往明天就会忘记，

不管怎样，你还是要做善事；

即使把你最好的东西给了这个世界，也许这些东西永远都不够，

不管怎样，把你最好的东西给这个世界。

你看，说到底，它是你和上天之间的事，

而绝不是你和他人之间的事。

【信心之道】

一在贵我，一在通今

信心是比现实更高的真实，是比智慧更大的智慧，而它的意义就像毛泽东对王阳明“心学”归纳的那样，在于“一在贵我，一在通今”。

贵我者，“横尽虚空，山河大地，一无可恃，而可恃者唯我”。

通今者，“竖尽久劫，前古后今，一无可据，而可据唯目前”。

1. 贵我

这世间能够依凭的唯有自己，相信自己的价值、能量。

因此，不要犹豫，不要害怕被嘲笑，“上士闻道，勤而行之；中士闻道，若存若亡；下士闻道，大笑之。不笑不足以为道。”当有人嘲笑你异想天开或自不量力时，你就是在向“道”迈进。

2. 通今

对现实明辨、笃实、行动，知行合一。

因此，不要觉得自不量力，我们的眼睛生在前面，就是要我们往前看，用信心和行动“看”当下、“看”未来。

后记 · 平凡而伟大的信心

荷尔德林有一句名言："人充满劳绩，但还诗意地栖居在大地上。"

也许我们更多时候感受到的是现实的枯燥无奈，但总想抓住一些超越日常的东西，所以我们讲究仪式感、讲究品位、追求纯真的情感……这些"超越日常的东西"与"现实的枯燥无奈"，在日复一日中交织缠绕，让我们或欣喜、或焦虑、或无奈、或调侃、或感慨……种种不一而足的感受、矛盾，最终汇成了自己的记忆、生活和人生。

而对自我的信心是一切的原点！

当你对自己充满信心时，可能你所追求的诗意便会翩然而至，顺理成章、自然而然，不需要你任何的刻意——人生本就平凡，且有着足够的欣喜。

你会懂得肯定自己吗？你会向自己问好吗？当你做这些的时候，又是一种什么样的心情或态度？

从小我就告诉自己"你是值得被爱的"，我也从不富裕的家庭及家中长辈身上，深刻体会到了"集万千宠爱于一身"的自豪和温情；当公司让我担任讲师这个新角色时，我对自己说"你完全可以的”，于是我轻松胜任了职场中的新身份，并闯出了一个小天地；当我对自己说“早啊，红梅”，我的语调是自信的、欢喜的，我充分感受着每一天阳光的温暖和身边人的可爱……

所以我在很多人眼中顺风顺水、幸运幸福。但是对我而言，当我对自己拥有足够的信心时，人生的新奇、生活的美好、世间万物的诗意，都藏在一茶一盏、一饭一蔬中。信心并没有那么高深莫测，它很平凡，它生发于我们自身，作用于我们人生。

所以在这本书中，一开始讲述的便是“风暴实情”，指向的是我们自身的信心问题。认识自己，就像从各个角度清晰地看见自己人生这片沃土中埋着一颗怎样的种子，种子决定着我们的人生态度。

然而人生从来没有定格的时候，有的只是在原本的基础上持续晋升、改变，信心的突破便是这样的一股动力，让信心这颗种子长出叶、开出花，让人生实现一次“华丽变身”。

那么，该如何突破呢？

信心的突破，从你的恐惧之处开始……

不管怎样自信的人，都有着不自信的一面。

虽说我对自己信心满满，但是在找对象这件事情上，却非常头疼。因为我 30 多岁了还没有男朋友，身边人又很“关心”这个问题，面对他们的“关心”，我要么回避，要么只能尴尬一笑。

其实和很多女孩一样，我也渴望爱情，渴望幸福美满的婚姻，为什么我不敢去触碰？因为我不知道合适的对象是什么样的，也从未静下心来认真考虑过这个问题。直到2011年，我开始直面这个问题，在一张A4纸上罗列出满满一张关于男朋友的标准，给自己定下了年底结婚的目标，并委托我的一个上海学员把它放在了以色列的哭墙中。不管是找男朋友的标准还是年底结婚的目标，都让身边的人觉得不可思议，他们说："又高又帅又富有，纯粹地爱你，还能爱屋及乌地爱你的家人……天啊，你这是要找白马王子吗？你已经不小了！""你都没有男朋友，年底怎么结婚？""要不我们给你介绍一个得了。"……我成了他们眼中不切实际的"恨嫁女"。

一般人遇到这种情况肯定会觉得有些"难堪"，可能也会怀疑自己是否"异想天开"了。也很少有人会如我这般去做，她们只会把心目中的"白马王子"当成一种浪漫的想象和纯粹的向往，其实在潜意识中这就是一种不自信，甚至是自卑的体现，觉得自己很难或不配拥有。但是我始终明白，我本身值得拥有这样一个"白马王子"，只是对他的印象太模糊了，以至于内心不够坚定。当我有勇气去勾勒他的"画像"时，其实也是在强化自己在这个问题上的信心；当我托人不远万里地将这张看似荒唐的A4纸放进哭墙时，仿佛是与天地、与这个世界做了一个最美妙的约定，我觉得自己做了一件很伟大的事，我坚信这个人一定会来到我面前，他就在不远处做着准备，准备着来到我面前。这个过程让我的内心升腾起一股别样的强大力量：我不会再逃避或尴尬，我不怕任何的质疑和嘲笑，我坦荡而坚定。

记得有一个同事曾开玩笑地问我："总教练，你说年底结婚，你现在又没有男朋友怎么结婚？"

但是这一次我不慌不忙地站了起来，看着他问："你是很关心我才问我这个问题的吗？"

"是啊。"对方回答。

"第一，如果你是出于关心，是不是应该先问我有没有男朋友？可是你并没问。你刚才问话的方式让我觉得是在挑衅我。你是在挑衅我吗？第二，幸好今天你这样问的人是我，你是否想过平时你会和客户、学员这样对话吗？如果是，那么就暴露了你沟通的问题……"

在我的一番对答如流后，身边的其他同事又惊讶又感慨，佩服我的勇气也佩服我的口才。其实只有我自己清楚，当知道自己要什么，并坚信会得到后，内心是平静而强大的。

而信心也正是一股神奇的力量，我再次遇到了王大山——这回他是上天派到我面前来的。其实在2009年的时候，我们就有过一次合作，时隔两年再次见面，他十分惊讶于我的变化，他说："你令人眼前一亮。"我微微一笑，我还是我，只是这几年的成长让我由内而外地发生了一些变化。合作过程中他要参加我们的课程，课程毕业后他开始追求我，尔后，第50天向我求婚，第80

天我们结婚，现在我们有3个孩子，十分幸福。就这样，不管是感情、事业、还是人生，我都迈上了新的台阶，更圆满，也让我对未来更充满信心。

这段往事也让我领悟到两个事实：

如果说平凡是人生的底色，信心就会让人生焕发光彩，而这个过程需要一次信心的突破，最好的突破便是直面自身的恐惧、胆怯、懦弱、不足……

常人很难去理解一个信心满满的人，也无法体会信心怎么通过如信念般的坚定和清晰的期盼，影响着一个人的内在和外在。

所以本书中的“笃信”“守望”两个章节内容，就是希望大家能够懂得如何给这颗信心的种子松土、施肥、浇水，静待花开。

而当我们的信心发芽、开花，我们自身就会是一颗信心的种子，可以借由爱将信心的种子埋进身边人的心中。

信心的传承——爱与大爱。

我从小生长在一个十分有爱的家庭，家里的每一个人都很宠爱我，他们让我明白自己是珍贵的。现在我如他们一样地爱着自己的孩子，并保护着他们的好奇心、自尊心。因为，对于一个孩子来说，信心的获取来自家人的爱与保护。

我的成长，离不开朋友、同事、合作伙伴的关心、鼓励和支持，我也像他们一样关心、鼓励、支持着他们，并在自身专业角度，努力地帮助他们，也真诚地希望他们始终保有信心，笑对生活。

我内心感受到的生活中的诗意和浪漫，是来自身边所有人以及这个世界的馈赠，而我对这一切的回馈，只能是让自己更加自信的同时，也让这个世界多一些信心的能量，让更多的人不管是面对时代的巨变、人生的无常、人情的冷暖，还是对未来对世界，心底始终有着一颗希望的种子，一抹明媚的阳光。也许我的力量有限，但是当 100 人、1000 人、千千万万人都能如此时，再多的疾病灾难，都不会让这个世界千疮百孔。

所以信心是“爱”与“道”，当我们懂得信心之爱、信心之道时，我们每一个人都可以不平凡。

最后希望通过这本书，你能收获信心，活出一份人生独有的诗意和自在。

崔红梅

2020 年 10 月 28 日于广州

联合推荐

信心，是在追求梦想、实现人生成功和幸福中一种弥足珍贵的正能量。沧海横流，更见英雄本色。期待《信心：风暴中的笃定》，带给我们更加美好的人生格局，以及更多的收获与幸福。

——著名国礼书画艺术家 乔领、宁雪君

信心，来源于对人生信仰的不懈追求，来源于追求信仰过程中措施的坚强有力，即不忘初心，行稳致远，就是建立信心。读了王大山、崔红梅的著作《信心：风暴中的笃定》，就像在茫茫大海中找到灯塔一样，有了可以信赖的依靠。

——著名经济学家、著名法学家 李开发

风暴来临时，大海上波浪滔天，万吨巨轮都会漂摇不定，更何况一叶小舟。而读了《信心：风暴中的笃定》这本书，我们会发现：信心就是定海神针！

——深圳中商国际管理研究院院长 杨思卓

信乃心之力，心乃人之本、人之主宰、力量之源泉。信心是理想和梦想的发动机，是人类对美好生活向往的领航器。《信心：风暴中的笃定》一书的出版，对饱受疫情影响的世人来说很有意义，特别是中小企业家。希望这本书能帮助读者在生活、事业、婚姻、家庭及人际关系中找到信心、找回信心，身心灵健康，乐活一生。

——乐活（环球）集团有限公司董事局主席兼首席执行官 张延悦

拥有伟大的梦想，加上坚定的信心，即使平凡的人，也能做出不凡的事业。祝愿《信心：风暴中的笃定》这本书成为更多人的精神力量！

——广东万和集团有限公司董事长 卢楚隆

《信心：风暴中的笃定》来得太及时了！2020年是非常独特的一年，很多人和事发生了改变，但只要信心笃定，成功还是属于你！

——想象力教育科技有限公司创始人 鲍剑文

信心是开启一切社会生产关系的钥匙！当消费者对市场没有信心，就会引发周期性的经济危机；当股民对股市没有信心，股市就会跌入漫漫熊途；当人对人没有信心，人和人打交道的成本就居高不下。因为害怕失去，故不敢有信心；因为怕再次受伤害，故不敢有信心；因为曾经失败过，故对未来没有信心。这一切缘于“我执”，去掉“我执”则信心爆棚。

——香港同恩国际控股集团有限公司董事长 禹路

诚以修身，信以立命！《信心：风暴中的笃定》一书，值得我们好好阅读，定会获益良多！信心、信念的力量，来自内心的笃定，来自对内心选择的坚信与执着，这或许是所有成功者的必需品！

——深圳市拓普理德企业管理顾问有限公司董事长 谭兆麟

后疫情时代，百年之大变局，大时代下个人命运多变，只有信心才能定心，心定才能把握命运的未来，《信心：风暴中的笃定》将是你人生的定海神针！

——漫教云链（广州）教育科技有限公司董事长 黄生武

信心是一种内心的力量，我把它称为“心力”！

一个人只要是做正事，心力的大小，将决定一生成就的大小！

而所有大同世界人，正是用所有的心力来成就大同世界的神圣使命的人！

——文华投资集团有限公司董事长 刘文华

信心是一种意念，心中念念不忘的东西，在现实中会慢慢长大。信心是一种领悟，人生从前往后看多是苦难，如果从后往前看多是恩典，真正领悟了就会通透明亮。愿《信心：风暴中的笃定》赋予您源源不断的动能，助力您成就事业、圆满人生。

——世华教育科技股份有限公司创始人、北京华夏管理学院院长 姜岚昕天地有大美而无言，圣贤有大爱而无碍。每个人生命中所发生的一切，都是为促进觉醒而来。

心，无处不感；情，无处不通；灵，无处不达！祝愿《信心：风暴中的笃定》引领心灵超凡的力量，穿越心性向往无量光明。

——广州市圆融教育科技有限公司董事长 陈瓦丽

科技创新是生产力，满怀信心是催化剂。愿《信心：风暴中的笃定》带给人们创新的激情和力量！

——广东省企业品牌建设促进会名誉会长 丁一

在信心面前，风暴也是风景。因为在信心中，真正的动力内核是爱。王大山夫妇这次的文字奉献，就是在时代风云中身心灵的笃定，因为有满满的爱在风暴眼中光芒万丈。文字里充满的是信心和爱的核能引爆的力量，定然会点亮许多灵魂。

——《沙之书：生命中的 52 束智慧之光》作者 董桄福

信心是一颗生命力极强的种子，种在真理的土壤中就能生出超强影响力，并能结出非凡的硕果。《信心：风暴中的笃定》这本书是我的好友王大山和崔红梅夫妇活出来的见证，它必然能重燃更多的“迷途英雄，低谷好汉”的终极梦想。以信心为根基的人，必能建成金、银、宝石的工程。

——深圳前海塔木德金融服务有限公司董事长 葛郁菲

我的好友大山和红梅伉俪出了一本新书《信心：风暴中的笃定》，在2020年这个特殊的年份里显得应景且弥足珍贵。不管世事多艰，只要你“笃信”“守望”“知爱”，那么一切艰难都将成为过去，你也会成为更好的自己。

——深圳市消费保互联网有限公司创始人、董事长 王福山

在人生长河里无论经历怎样的风暴冲击，信心都是坚如磐石的力量，令我们对未来永怀希望，使我们回归爱与平安。祝愿《信心：风暴中的笃定》给更多人带来信心、爱与希望！

——上海锦天城（广州）律师事务所合伙人律师 陈霞

信心是一种意志，也是一种力量，《信心：风暴中的笃定》这本书能让你在面对困难和挫折时，实现信心的跨越，让心灵持久处于激活状态。

——广东省东方谈判发展研究院院长 武向阳

信心是相信自己的判断能力，是对尚未出现而即将出现的结果的相信。信心是发挥潜力的钥匙，是影响状态的关键，是创造

结果的核心。

——《冠军服务力》作者 李羿锋

大多数投资项目，都不是一帆风顺的。成功的关键就在于我们的专业和信心，对国家未来发展的信心、对技术和模式创新的信心、对一流团队能够创造奇迹的信心。总之，有信心才能赢未来！

——深圳市启富汇投资管理有限公司合伙人 蓝飞腾

风声浩荡，百年以来，世界从未如此喧嚣；暗流汹涌，放眼天下，我辈更当奋起鹰扬。在世界秩序行将重塑之际，在我们面对疾风骤雨的当前，让我们无畏向前的，除了头顶上那一片承载理想的天空，还有心中不言败的信心。

——深圳空谷幽兰品牌策划有限公司董事长 朱新兰

一切由外而来的，都不是真自信。风暴当前，在《信心：风暴中的笃定》中寻找自信。

——《创业有方法》作者 梁芷媚

2020 年突如其来的疫情，让世界经济的阴云笼罩到了每个人的头上，很多人进入了至暗时刻。此时此刻，人们比以往任何时候都需要自己去点亮心中的灯塔，用信心引领生活的航向。

《信心：风暴中的笃定》这本书来得正是时候，让我们看到了一个不畏艰险、百折不挠的榜样——无论是做人还是办企业，有了笃定的信心，就赢在了起跑线上。让我们用信心的传播来对抗疫情的传播吧！

——《华为经济学》作者 习风

人生是一场修行，无论遇到什么样的问题、挫折、不如意，都是在磨炼我们的心性，旨在让我们更加坚韧与从容。而我们只需要智慧就可以化解一切，智慧源于信心，坚定不移地相信任何事情的发生皆是必然，绝非偶然，一切都是命运最好的安排！无论怎样，生活依然很美好，心中有阳光，就会春暖花开，福杯满溢。

——一方教育科技（广州）有限公司董事长 孙一方

当我们面对困难时，只要敢于迈出第一步，以积极的心态去做好当下每件事情，我们前进的信心就会更加坚定！

——广州尚股企业管理咨询有限公司董事长 尚飞

失败者因为信心而点燃新的希望，成功者因为信心而迈向辉煌！

——广东绿意环保科技有限公司董事长 黄运

预先看到他人看不见的，看得比别人远，看得比别人高，看得比别人深。活出充满信心的人生，不是顾念所看见，而是顾念看不见的，信是所望之事的实底，是未见之事的确据。

——深圳爱联教育科技有限公司合伙人 deedee

信：自信，诚信；心：信心，心想则事成。

在创业路上的人，做事既要有自信，又要讲诚信，拥有笃定的信心，心想则事成。

——湖南亚洲国际旅行社股份有限公司董事长 王允通

信心是命运的主宰，信心是一个人的胆，有了这个胆，人就能乘风破浪，所向披靡！自信者不疑人，人亦信之。

——江西妙医斋生物科技有限公司总经理 彭水莲

信心就像一张网，你撒在哪里，你的收获就在哪里。再长的路，一步步也能走完；再短的路，不迈开双脚也无法到达。乐观者在灾祸中看到机会，悲观者在机会中看到灾祸。永远铭记在心：每天都是一年中最美好的日子！

——福建碧爱尚生物科技有限公司总监 李奕萱

信心是生命的喜悦！信心是春日的绿柳，信心是夏日的白荷，信心是秋日的黄枫，信心是冬日的红梅。信心是二十四节气交替更迭、生生不息的自然之力！

——陕西感业铃铛企业管理咨询有限责任公司董事长 高子涵

欣闻良师益友大山伉俪合作出版《信心：风暴中的笃定》一书，由衷地祝福你们。在今天的社会背景下，很多人茫然看不清方向，信念动摇甚至怀疑人生。我想很多人都在迫不及待地期待这本书的面世，就像一个十月怀胎的妈妈盼望宝宝的第一声啼哭。

——《做最优秀的自己》作者 于行

自信创造奇迹，他信创造合力！

——《想事做事成事》作者 史振钧

信心是信念，信心是决心，信心是信仰。有信心才有未来，有信心才有动力，有信心才有方向，有信心才会成功。“信 + 心”是立世之本，是生命源泉！

——中华全国工商业联合会美容化妆品业商会美甲标准专业委员会主任 陈光

我的英文名是 Faith，也就是信心的意思。信心——在我心中，它是内在的一部 5D 电影，也就是 NLP（自然语言处理）的五个内感官（视听嗅味触）都能触及的！虽未看见，但已成就！

——广州来好思教育科技有限公司总经理 吕彩云

在纷繁复杂、变幻多端的世界里，让自己不焦躁、不忧虑，需要用心、专注地聆听内心深处那份永恒的声音——在“笃信”中“守望”、“知爱”，使自己能平静安稳地行走在高山或低谷，使生命中的每一时刻都散发出无限光彩。

——广州百加教育科技有限公司合伙人 一聆

有信心，美好的一切才有希望！只有自信，才能自主、自立、自强！

——邦盟汇骏（广东）控股有限公司总经理 宋义启

生命如波，人生总会经历高峰和低谷，在不同的境遇里如何保持初心，砥砺前行——唯有“信心”，带给我们前行的力量，可以让我们从渺小到伟大，从平庸到卓越。

——广州迪扬教育咨询有限公司市场负责人 李胜军

我理解的信心是自我的确认，是对自己的认可。尤其在2020年疫情期间，信心对于每个人来说无比宝贵。我们要相信“相信”的力量，这就是信心的力量。当我看到《信心：风暴中的笃定》封面的那一刻，真的给了我很大的力量，这本身就是本书出版的价值与意义。

——广州锦上禅文化服饰有限公司总经理 刁匀晶

信心是一切的源泉。唯有信心，一切皆有可能！

——成都爱易佰网络科技有限公司湛江市代总经理 黄清鹏

成功的条件在于梦想、勇气和自信，有自信心的人，可以化渺小为伟大，化平庸为神奇。

——广州百加教育科技有限公司亲子督导 江冬梅

信心是对未来的信念！一个人除非自己有信心，否则不能带给别人信心；已经信服的人，方能使人信服。王大山、崔红梅老师的《信心：风暴中的笃定》更加笃定人生自信！

——河南豫途印象实业有限公司董事长 王研军

立信心，创大业！

愿《信心：风暴中的笃定》带给人们满满的正能量，跨越人生艰难险阻，成就生命辉煌篇章！

——湖南香四海农业科技有限公司董事长 邓仁英

信心——信：相信；心：心理状态。要想实现任何伟大的梦想，或做任何事业，相信与心态非常重要！有信心，才能事半功倍；有信心，就有无限可能！

——全球上市加速器（深圳）有限公司总经理 牛劲

在无常和多变的世界里，让我们能持续前行的动力就是：信心。信心也是人意志力的一种内在力量，是对自己的不断超越，是人类不断开发自身的精神财富，也是现代世界文明的一种普世价值观。而《信心：风暴中的笃定》这本书，犹如航行中的明灯，会指引大家一路前行！

——江苏远见新经营战略研究院院长 马树强

人生就像骑自行车，想保持平衡就得信心百倍地往前走，任何迟疑、犹豫、停止前进，只能让自己摔倒。

——北京老聃文化有限公司董事长 李治成

Date　/　/

Date / /

Date / /

Date / /

Date / /

Date / /

Date / /

Date / /